中等职业教育计算机专业系列教材

Photoshop CC
ANLI ZHIZUO JIAOCHENG

Photoshop CC 案例制作教程

第二版

■ 主 编 肖 晗 刘昆杰

■ 副主编 蒲 宇 章梦雨

■ 参 编 李劼旻 吴 娱

袁恩强 张成平

刘 易 曹宏钦

ZHONGDENG ZHIYE JIAOYU
JISUANJI ZHUANYE XILIE JIAOCAI

重庆大学出版社

内容摘要

本书以 Photoshop CC 为基础，结合图形图像处理的特点，通过典型案例，循序渐进地讲述了 Photoshop 在图形图像处理中的应用，其内容包括“基本操作与快速入门”“认识选区与绘制图像”“图层、蒙版与通道”“文字、路径与矢量工具”“照片修饰与滤镜特效”和“综合实战”6 个单元。每个单元均有多个案例，每个案例由几个活动完成，以活动方式引导读者学习知识，在制作过程中培养读者的学习兴趣。本书采用实战案例引出基础知识的形式进行讲述，读者能在制作实例的过程中掌握知识点，达到“做中学”的效果。

本书为中等职业学校计算机专业和平面设计相关专业的教材，也适合 Photoshop 初学者自学使用。

图书在版编目（CIP）数据

Photoshop CC 案例制作教程 / 肖晗，刘昆杰主编
. --2 版 . -- 重庆：重庆大学出版社，2021.8（2024.7 重印）
中等职业教育计算机专业系列教材
ISBN 978-7-5689-1060-6

Ⅰ . ① P… Ⅱ . ①肖… ②刘… Ⅲ . ①图像处理软件—中等专业学校—教材 Ⅳ . ① TP391.413

中国版本图书馆 CIP 数据核字 (2021) 第 157723 号

Photoshop CC 案例制作教程
第二版
主 编 肖 晗 刘昆杰
副主编 蒲 宇 章梦雨
策划编辑：章 可
责任编辑：文 鹏 邓桂华 版式设计：原豆设计
责任校对：王 倩 责任印制：赵 晟

重庆大学出版社出版发行
出版人：陈晓阳
社址：重庆市沙坪坝区大学城西路21号
邮编：401331
电话：（023）88617190 88617185（中小学）
传真：（023）88617186 88617166
网址：http：//www.cqup.com.cn
邮箱：fxk@cqup.com.cn（营销中心）
全国新华书店经销
印刷：重庆巍承印务有限公司

开本：787mm×1092mm 1/16 印张：8.75 字数：203千
2018年4月第1版 2021年8月第2版 2024年7月第6次印刷
ISBN 978-7-5689-1060-6 定价：38.00元

+

QIANYAN

前言

Photoshop是目前被广泛使用的图像处理软件，由于它在图像编辑、图像合成、校色调色及特效制作等方面的优异表现，使得众多平面设计者对它青睐有加。现在的Photoshop CC比早期版本的功能更加强大，它不仅增加了一些实用工具，如锐化工具、3D对象工具、Camera Raw工具、矢量对象的CSS属性等，而且还可以通过内置的多种滤镜修饰数码照片并进行视觉创意设计，创造出超乎想象的艺术效果。

本书采用“行动导向，案例操作”的方法，以案例操作引领知识的学习。通过大量精彩实用案例的具体操作，对相关知识点进行巩固练习，通过“效果展示”“案例分析”“案例达成”“案例小结”和“拓展练习”，引导学生在“学中做，做中学”，把枯燥的基础知识贯穿在每一个案例中，从而培养学生的应用能力，并通过“知识窗”“小技巧”“小提示”等内容的延伸，进一步拓展学生的视野。本书的案例涉及诗词书画、传统文化、中国地理、道德法治、安全教育等方面的内容，注重培养学生的人文素养。

本书主要针对计算机平面设计行业，从实用角度出发，通过丰富、精美的平面设计案例，详细讲解了Photoshop CC在平面设计行业中的应用方法和操作技巧。

本书共分6个单元，各单元主要内容如下：

单元一通过制作“水彩画”“蝴蝶飞舞”两个案例，详细讲解了Photoshop CC中文版的基本操作，包括控制面板的显示与隐藏、新建文件、图像存储、图像缩放、屏幕显示模式等内容。

单元二通过制作“禁烟标志”“桃花出屏”和“森林协奏曲”3个案例，详细讲解了选框工具、套索工具、魔棒工具、钢笔工具、画笔工具、橡皮擦工具、油漆桶工具和渐变工具等的使用方法。

单元三通过制作“旅游宣传招贴”“中秋节贺卡”“中国风明信片”和“娃娃壁纸”4个案例，详细讲解了图层、蒙版、通道的使用方法。

单元四通过制作“矢量蘑菇”“咖啡吧门贴海报”和“火锅宣传单”3个案例，详细讲解了文字工具、路径工具、矢量工具的使用方法。

单元五通过制作“星空人物”“美丽的色达”“油画效果”“天空效果”和“烟花效果”5个案例，详细讲解了加深、模糊、污点修复、仿制图章等照片修饰工具和风格化、模糊、扭曲、渲染等常用滤镜的使用方法。

单元六通过制作“防火宣传栏”“动漫效果风景图”和“春节红包”3个案例，对本书知识进行综合运用。

本书配有教案、课件、素材、习题、微课等教学资源，可在重庆大学出版社网站下载。

本书由肖晗、刘昆杰任主编，蒲宇、章梦雨任副主编，李劼旻、吴娱、袁恩强、张成平、曹宏钦、刘易参与编写。由于编者水平有限，加之时间仓促，不足之处在所难免，欢迎广大读者批评指正。

编　者

2021年6月

MULU

目录

单元一
基本操作与快速入门

Photoshop CC是Adobe公司出品的图形图像处理软件，其具有非常人性化的操作界面和专业的图像处理程序，方便用户快速掌握。从1990年开始，Photoshop软件不断更新版本，其功能和用途得到不断扩展，为不同门类的艺术设计提供技术创意支持。其中，Photoshop CC版本具有操作简便、功能强大、应用广泛等特点，深受广大用户的青睐。

本单元将主要介绍Photoshop CC的基本功能，包括如何启动和退出Photoshop CC，熟悉Photoshop CC的工作界面，了解图像处理的基本知识；通过简单图像合成案例，让初学者了解怎样新建文档，打开、关闭图片，拖动图像，查看图像，旋转变换图像，保存文档等，从而熟悉从图像文件建立到输出的基本制作流程。

案例一

NO.1

制作“水彩画”

◆ 案例分析

本案例通过制作水彩画，学习Photoshop CC简洁的工作界面。在学习前需要初步认识工作界面的组成及各部分的作用，这样才能更快速地掌握该软件。除此之外，在对图像进行处理时会涉及一些图像基础知识，如图像大小、分辨率、位图与矢量图，掌握了这些图像处理的基本概念后，才能很好地将图像打印出来，使图像不至于失真或达不到自己预想的效果。

完成本案例的学习后，你应能：

- 启动和退出Photoshop CC。
- 熟悉Photoshop CC的界面组成及各部分的功能。
- 隐藏、显示、移动窗口中的工具栏及各种面板。

◆ 效果展示

图 1-1　“水彩画”效果图

◆ 案例达成

活动一　打开素材

（1）启动Photoshop CC，单击【开始】→【所有程序】→【Adobe Photoshop CC】命令，如图1-2所示。

（2）启动完成后，打开Photoshop CC的操作窗口，如图1-3所示。

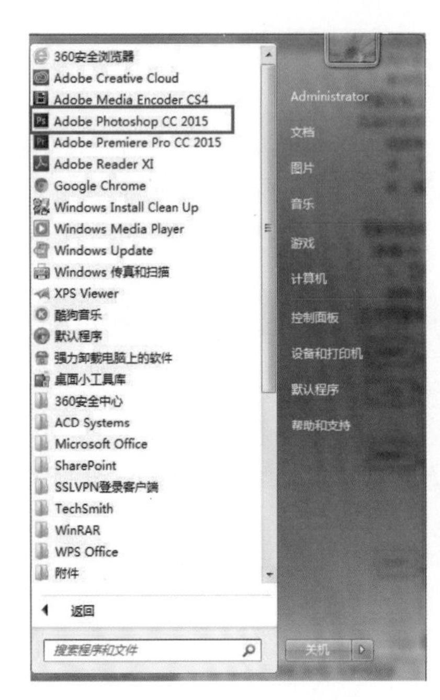

图 1-2　“开始”菜单

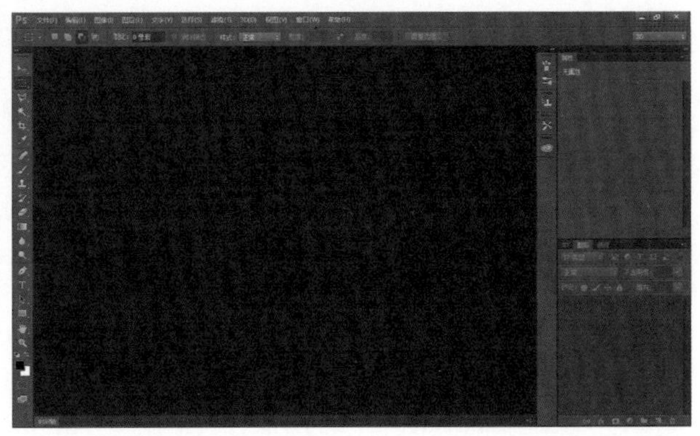

图 1-3　打开 Photoshop CC 操作窗口

小技巧

启动Photoshop CC软件的另外两种方法：

◎快速启动Photoshop CC软件：双击桌面上的快捷方式图标 。

◎选择任意一个图像文件，鼠标右击，在弹出的快捷菜单中选择【打开方式】→【Adobe Photoshop CC】命令也可启动Photoshop CC软件。

（3）在“菜单栏”选择【文件】→【打开】命令，打开 “素材\单元一\水彩画\趵突泉.jpg”文件。其工作界面如图1-4所示。

图 1-4　Photoshop CC 工作界面

知识窗

工作界面各部分功能如下：

◎菜单栏：包含11个菜单项，从左至右依次为文件、编辑、图像、图层、文字、选择、滤镜、3D、视图、窗口、帮助。Photoshop CC中的绝大部分功能都可以通过菜单栏来实现。

◎标题栏：显示当前文件的名称、格式、显示比例、色彩模式、所属通道和图层状态。若该文件未被保存过，则标题栏以“未命名”并加上连续的数字作为文件的名称。

◎工具栏：可通过拖动其顶部将其放在工作界面的任意位置，其包含了图像处理过程中最常用的工具。有的工具栏的右下角有一个小三角形，表示该工具按钮还包含其他工具选项，在工具按钮上右击，即可弹出所隐藏的工具选项。将鼠标移到工具栏上的任意按钮上并停留一段时间，即可显示关于该工具的名称和快捷键。

◎工具选项栏：主要显示及设置当前工具栏中工具的属性。工具选项栏会随着当前选择的工具的改变而发生相应的变化。

◎图像窗口：用于显示在Photoshop CC中打开图像文件，是图形绘制和图像编辑的主要工作区域。用户可对图像窗口进行改变位置和大小的操作，拖动打开图像的标题栏，使其成为一个独立窗口。

◎面板：主要对当前图像的颜色、图层、样式等操作进行设置。用户可以进行拆分、移动和组合等操作，用户若要选择某个面板，可单击面板上的标签按钮即可打开对应的面板。单击【窗口】菜单栏，在弹出的菜单中选择命令，也可打开或关闭相应的面板。如果菜单命令前面显示有“√”，表示该面板已经在工作界面中显示。按【Shift+Tab】键可以隐藏或者显示所有面板。

◎状态栏：主要显示当前所编辑图像的基本信息，主要内容有显示图像的比例、文档大小等。状态栏左侧的数值框用于设置图像编辑窗口的显示比例，在该数值框中输入图像显示比例的数值后，按【Enter】键，当前图像即可按照设置的比例进行显示。单击状态栏上的三角形按钮，即可弹出相应的内容，用户可以根据需要选择相应的选项。

ZHISHICHUANG

活动二　编辑素材及设置水彩画效果

（1）设置图片大小。

选择【图像】→【图像大小】命令，将弹出如图1-5所示的对话框。将宽度设置为“1800像素”，更改了宽度后，图像的高度也会随之发生变化，单击【确定】按钮。

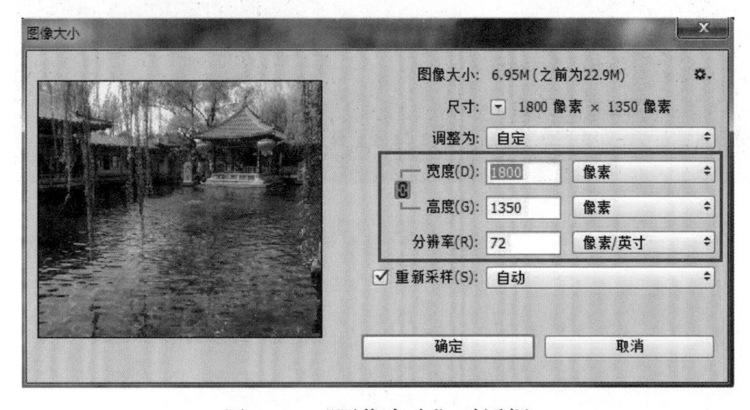

图 1-5　“图像大小”对话框

知识窗

◎像素：位图的最小组成单位，通常是一个个正方形的颜色块，每一个像素都有其颜色值。水平和垂直方向排列的若干个像素组成了图像，所有像素的位置及颜色决定了图像的效果。一个图像文件的像素越多，图像的效果越好。当用缩放工具将图像放大到一定程度后，就可以看到类似马赛克的效果，图1-6显示了部分图像放大后像素出现的马赛克效果。

◎分辨率：位图在单位长度内包含像素的数量，常用单位是像素/英寸*（ppi）。像素越多，分辨率就越高，图像就越清晰。图像分辨率即图像中每单位长度显示的像素数目。如图1-6所示图像文件的分辨率为72 ppi，表示1×1平方英寸的图像包含总共5 184个像素（72×72=5 184）。分辨率为300 ppi的图像则包含总共90 000个像素（300×300=90 000）。若

图 1-6　部分图像放大后像素马赛克效果图

要确定使用的图像分辨率，应考虑图像最终通过哪种媒介进行发布。打印机分辨率是指打印机在输出图像时，每英寸产生的油墨点数，单位是点/英寸（dpi）。分辨率越高，打印出的照片就越清晰，但是通常设置为300 dpi就可以了。

* 1英寸=2.54厘米

ZHISHICHUANG

小提示

Photoshop中，图像分辨率的常用单位是ppi，意思是每英寸拥有的像素数，也称为显示分辨率；dpi是打印分辨率，意思是每英寸拥有的打印点数目。从技术角度说，“像素”只存在于计算机显示领域，而“点”只出现于打印或印刷领域。大多数情况下，ppi跟dpi是同一个意思，两者可以混用。

（2）选择【滤镜】→【滤镜库】命令，在弹出的对话框中选择【素描】→【水彩画纸】，如图1-7所示，单击【确定】按钮。

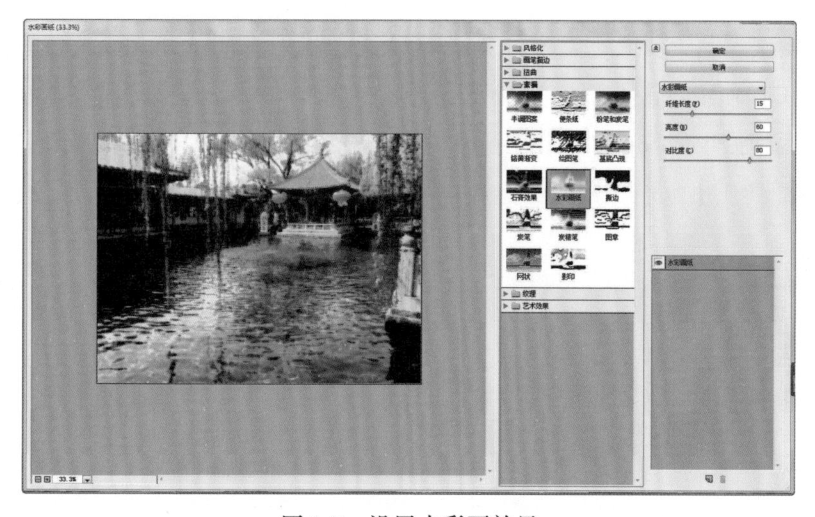

图 1-7　设置水彩画效果

活动三　保存并退出

（1）选择【文件】→【存储为】命令，以“趵突泉水彩画.psd”为名保存文档。

（2）单击工作界面右上角的【关闭】按钮 × 即可快速退出Photoshop CC软件。

小技巧

退出Photoshop CC的其他方法：

◎按快捷键【Ctrl+Q】可以退出Photoshop CC软件。

◎选择【文件】→【退出】命令即可退出Photoshop CC软件。

知识窗

位图与矢量图的区别：

①在位图中，一个点就是一个像素，每个点都有特定的位置和颜色。位图图像与分辨率有直接的联系，分辨率大的位图清晰度高，其放大倍数相应增加。但是，位图的放大倍数超过其最佳分辨率时，就会出现锯齿的效果。

②矢量图也称为矢量对象或矢量形状，它是以数学向量方式记录图像的，主要以线条和色块为主。矢量图像与分辨率无关，不记录像素的数量，它可以任意倍地放大且清晰度不变，不会出现锯齿状边缘。

ZHISHICHUANG

◆ 案例小结

本案例通过制作“水彩画”，主要学习了如何启动及快速退出Photoshop CC软件，打开并保存文件，了解Photoshop CC的界面组成及各部分的功能，如何隐藏、显示、移动窗口中的工具栏及各个面板。其中需要注意以下两点：

（1）熟悉各菜单及工具栏的常用命令后才能更快速地应用Photoshop CC软件。

（2）开始使用此软件可能对界面不熟悉，各个面板或工具栏移动后会影响编辑，其解决方法是还原Photoshop CC工作界面为初始状态，即选择【窗口】→【工作区】→【复位基本功能（R）】命令。

◆ 拓展练习

操作题

1. 启动Photoshop CC软件后分别指出工作界面中各个组成部分的名称。

2. 自定义一个只显示菜单栏、工具栏、图层面板的工作界面，再将其还原到工作界面的初始状态。

3. 分别找一个位图和矢量图文件，在Photoshop CC中打开后看有哪些区别。

4. 打开任意一个图像文件，在图像编辑窗口中将其按75%进行显示。

5. 请上网查询Photoshop CC可以支持哪些文件格式。

案例二

NO.2

制作“蝴蝶飞舞”

◆ 案例分析

本案例是用两张图片，合成一幅“蝴蝶飞舞”图片，这也是图片合成最常见的操作方式。通过新建文档，打开素材图片“花”，拖动图片“蝴蝶”到图片“花”中，简单地旋转变换图片对象，最后达成效果，从而熟悉对文件的基本操作。

完成本案例的学习后，你应能：

◇ 新建和移动文件。

◇ 对文件进行命名和保存。

◇ 对图像进行简单的自由变换操作。

◆ 效果展示

图 1-8 “蝴蝶飞舞”效果

◆ 案例达成

活动一　导入素材

1. 新建文档

启动Photoshop CC，进入主界面，选择【文件】→【新建】命令，弹出“新建”对话框，创建一个名称为“蝴蝶飞舞”、宽度为“16厘米”、高度为“12厘米”、分辨率为“300像素/英寸”、颜色模式为“RGB颜色”的空白文档，如图1-9所示。

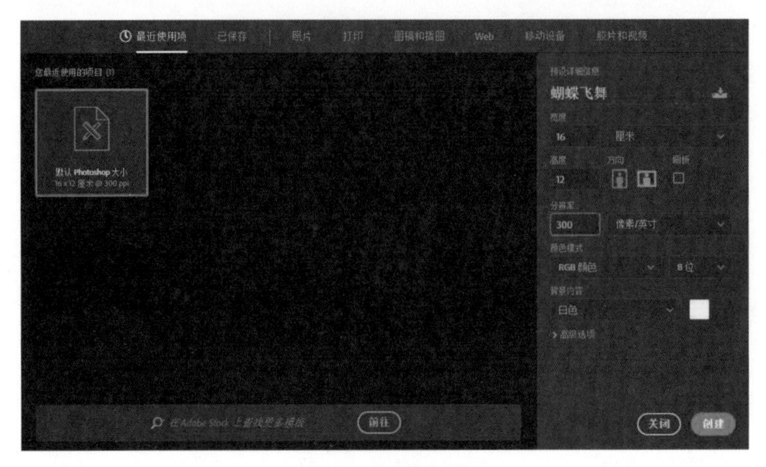

图 1-9 新建文件

小技巧

新建文档快捷键为【Ctrl+N】。

2. 打开素材图片

（1）选择【文件】→【打开】命令，打开 “素材\单元一\蝴蝶飞舞图片\花.jpg”文件，如图1-10所示。将鼠标移动到打开的“花”图像上，按住左键不放并将图像拖动到“蝴蝶飞舞”文件中，选择【编辑】→【自由变换】命令，将鼠标移动到选框的节点上，拖动选框使图像变换到合适大小，按【Enter】键完成操作，如图1-11所示。

图 1-10　导入素材

图 1-11　调整大小

小技巧

打开文件的两种方式：

◎通过【文件】→【打开】命令，打开文件。

◎单击工作区空白处，在弹出的对话框中选择要打开的文件。

（2）选择【文件】→【打开】命令，打开 “素材\单元一\蝴蝶飞舞图片\蝴蝶.psd”文件，如图1-12所示。选择【工具栏】中的【移动工具】，将鼠标移动到“蝴蝶”上，按住左键不放并将图像拖动到“蝴蝶飞舞”文件中，如图1-13所示。

图 1-12　导入素材

图 1-13　拖动图像

活动二　合成图片

（1）选择【编辑】→【自由变换】命令，将鼠标移动到选框的节点上，拖动选框使图像变换到合适大小，按【Enter】键完成操作，如图1-14所示。

（2）关闭“蝴蝶”文件，回到“蝴蝶飞舞”文件中，单击工具选项栏中的【填充屏幕】按钮，使图片布满工作区，如图1-15所示。

图 1-14　调整大小位置

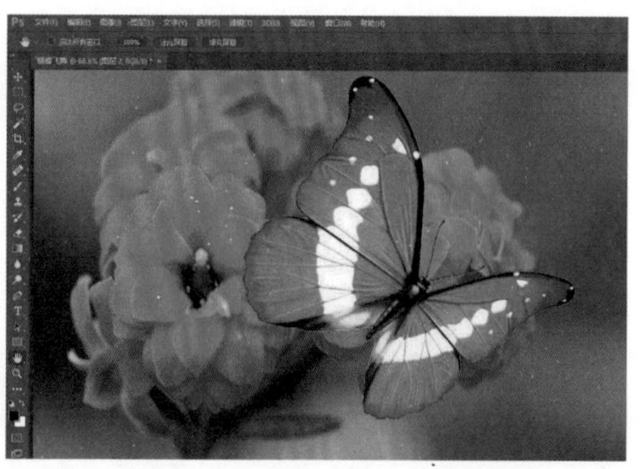

图 1-15　拖动窗口到合适位置

（3）选择工具栏中的缩放工具，单击工具选项栏中的“放大”按钮和“缩小”按钮，可将图像调整到合适大小。

小技巧

查看图片的方式：

◎通过工具栏中的【缩放工具】，放大或缩小图像。

◎打开菜单栏中【窗口】→【导航器】，在滑块中调整。

◎在导航器的“图像显示比例框”中输入数值。

◎查看图像时，可选择工具栏中的【抓手工具】，拖动图片。

（4）选择“蝴蝶”图层，选择【编辑】→【自由变化】，右击。选择【水平翻转】，将鼠标移动到选框的4个角中的任意一个角，当光标变成双向弯箭头时，按住鼠标左键并移动，旋转图片，如图1-16所示。

（5）在选框中右击，将“斜切”“扭曲”“透视”“变形”选项组合使用，调整“蝴蝶”到合适位置，按【Enter】键完成操作，效果如图1-17所示。

图 1-16　翻转图片

图 1-17　自由变换图像

（6）选择【文件】→【存储为】命令，在对话框中选择要保存的文件位置，设置保存类型，如图1-18所示。

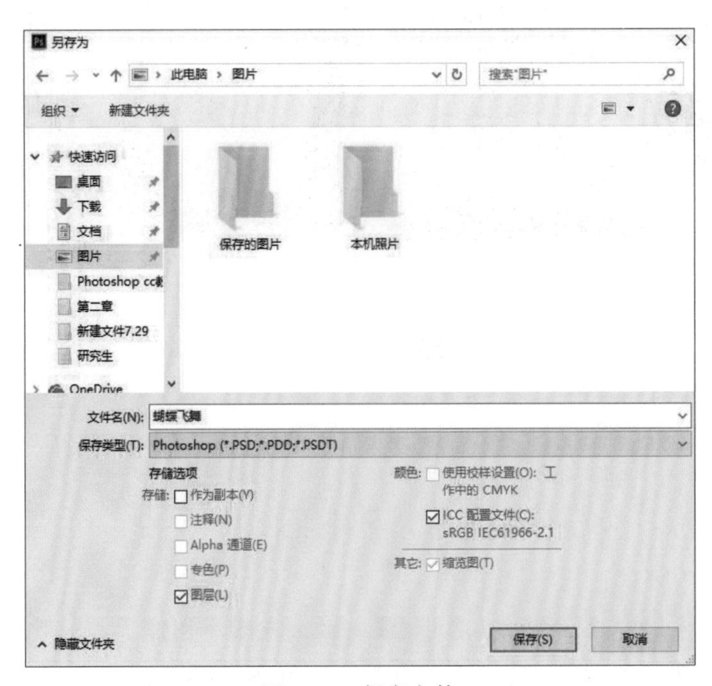

图 1-18　保存文件

小提示

如果文件需要继续编辑，保存类型可设置为“PSD”格式；如果只需要保存为一般图片，可设置成“JPEG”格式。

图片常见保存格式如下：

◎PSD格式：Photoshop默认的文件格式，它可以保留文档中的所有图层、蒙版、通道、路径、未栅格化的文字、图层样式等。通常情况下，将文件保存为PSD格式，以后可以对其进行修改。PSD是除大型文档格式（PSB）之外支持所有Photoshop功能的格式。其他Adobe应用程序，如Illustrator，InDesign，Premiere等可以直接置入PSD文件。

◎PSB格式：Photoshop的大型文档格式，可支持最高达到300 000像素的超大图像文件。它支持Photoshop所有功能，可以保持图像中的通道、图层样式和滤镜效果不变，但只能在Photoshop中打开。如果要创建一个2 GB以上的PSB文件，可以使用此格式。

◎BMP格式：用于Windows操作系统的图层格式，主要用于保存位图文件。该格式可以处理24位颜色的图像，支持RGB、位图、灰度和索引模式，不支持Alpha通道。

◎GIF格式：基于在网络上传输图像而创建的文件格式，它支持透明背景和动画，被广泛地应用于传输和存储医学图像，如超声波和扫描图像。DICOM文件包含图像数据和表头，其中存储了有关病人和医学的图像信息。

◎EPS格式：PostScript打印机上输出图像而开发的文件格式，几乎所有的图形、图表和页面排版程序都支持此格式。EPS格式可以同时包含矢量图形和位图图像、支持RGB、CMYK、位图、双色调、灰度、索引和Lab，不支持Alpha通道。

◎JPEG格式：由联合图像专家组开发的文件格式。它采用压缩方式，具有较好的压缩效果，但是将压缩品质数值设置得较大时，会损失掉图像的某些细节。JPEG格式支持RGB、CMYK和灰度模式，不支持Alpha通道。

◎PCX格式：采用RLE无损压缩方式，支持24位、256色图像，适合保存索引和线画稿模式的图像。该格式支持RGB、索引、灰度和位图模式，以及一个颜色通道。

◎PDF格式：一种通用的文件格式，支持矢量数据和位图数据，具有电子文档搜索和导航功能，是Adobe Illustrator和Adobe Aeronat的主要格式。PDF格式支持RGB、CMYK、索引灰度、位图和Lab模式，不支持Alpha通道。

◎RAW格式：一种灵活的文件格式，用于在应用程序与计算机平台之间传递图像。该格式支持具有Alpha通道的CMYK、RGB和灰度模式，以及Alpha通道的多通道、Lab、索引和双色调整模式。

◎PXR格式：专为高端图形应用程序（如用于渲染三维图像和动画的应用程序）设计的文件格式。它支持具有单个Alpha通道的CMYK、RGB和灰度模式图像。

◎PNG格式：作为GIF的无专利代替产品而开发的文件格式，用于无损压缩并且可在Web上显示图像。与GIF不同，PNG支持24位图像并产生无锯齿状的透明背景度，但某些早期的浏览器不支持该格式。

◎SCT格式：用于Seitx计算机上的高端图像处理，该格式主持CMYK、RGB和灰度模式，不支持Alpha通道。

◎TGA格式：专用于使用Truevision视屏版的系统，它支持一个单独Alpha通道的32位RGB文件，以及无Alpha通道的索引、灰度模式，16位和24位RGB文件。

◎TIFF格式：一种通用文件格式，所有的绘画、图像编辑和排版都支持该格式。几乎所有的桌面扫描仪都可以产生TIFF图像。该格式支持具有Alpha通道的CMYK、RGB、Lab、索引颜色和灰度图像，以及设有Alpha通道的位图模式图像。Photoshop可以在TIFF文件中存储图层，但是如果在另一个应用程序中打不开该文件，则只有拼合图像是可见的。

◎PBM格式：支持单色位图（1位/像素），可用于无损数据传输。许多应用程序都支持此格式，因此，可用在简单的文本编辑器中编辑或创建此类文件。

◆ 案例小结

本案例完成了 “蝴蝶飞舞”图片的合成，主要学习了图像的基本操作，包括新建、打开、保存文件。其中需要注意以下3点：

（1）新建和打开文件的几种方式。

（2）可以用抓手工具、放大镜、导航器查看图像。

（3）移动图像、调整图像、自由变换图像等调整图像的方法。

◆ 拓展练习

打开“素材\单元一\手机风景”文件夹中的“手机.psd”和“风景.jpg”文件，模仿图1-19制作手机屏幕显示风景的效果图。

图 1-19　手机风景

单元二
认识选区与绘制图像

在Photoshop中，编辑和修饰图像时往往需要针对一个目标区域进行操作，这个目标区域的确定就是所说的创建选区。创建选区的方法有多种，可以直接使用工具箱中的选区工具来创建，也可以通过选区命令来创建。

在Photoshop中，绘制图像的方式也有很多种，而绘制图像的工具更是多样。本单元着重讲解【选框工具】【套索工具】【魔棒工具】【钢笔工具】【画笔工具】【橡皮擦工具】【油漆桶工具】和【渐变工具】的使用。

案例一

NO.1

制作“禁烟标志”

◆ 案例分析

据报道，中国每年有超过10万人死于因吸烟引发的各种疾病。从2011年起，国家起草了一系列关于禁烟的条例和法规。其中，《公共场所控制吸烟条例》中要求“所有室内公共场所一律禁止吸烟”。根据这一条例，本案例将为室内场所制作一幅禁烟墙贴，从而学习规则选区工具的使用。

完成本案例的学习后，你应能：

◇ 用【矩形选框工具】建立选区。

◇ 用【钢笔工具】绘制路径，创建选区。

◇ 对选区进行变换、加减与相交操作。

◇ 实现选区的修改操作。

◆ 效果展示

图 2-1 “禁烟标志”效果图

◆ 案例达成

活动一 绘制禁烟图标

1. 新建文档

启动Photoshop CC，选择【文件】→【新建】命令，创建一个名称为“禁烟标志”、宽度为“15厘米”、高度为“20厘米”、分辨率为“200像素/英寸”、颜色模式为“RGB颜色”的空白文档。

2. 添加辅助参考线

（1）选择【视图】→【标尺】命令，调出标尺。

（2）将鼠标放在标尺内部，按住鼠标往下/右拖动，这时可以拖出青色的辅助参考线，横竖辅助线将画布平分，如图2-2所示。

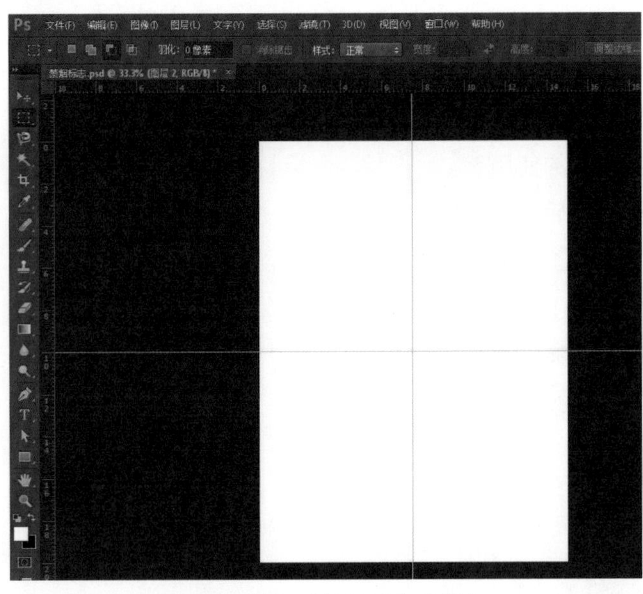

图 2-2 添加“标尺及参考线”

小技巧

标尺可以起到丈量长度的作用，可直接按快捷键【Ctrl+R】调出标尺。

①从横标尺或竖标尺可以分别拖出横向或竖向的辅助线，在拖动过程中按【Alt】键可以进行横竖辅助线的切换。

②显示、隐藏辅助线：选择【视图】→【显示】→【参考线】命令，或按快捷键【Ctrl+H】。

③删除单个辅助线：首先选择【移动工具】，然后将鼠标放在辅助线上，光标会变成双向箭头，按住鼠标将辅助线拖到标尺区域内即可将其删除。

3. 绘制展板外框

（1）单击工具箱中的【矩形选框工具】，按住【Alt】键，以横竖辅助线交叉点为中心为矩形中心绘制矩形（高为15厘米，宽为10厘米），如图2-3所示。选择【选择】→【修改】→【平滑】命令，打开“平滑选区”对话框，设置取样半径为“15像素”，单击【确定】按钮，如图2-4所示。

图 2-3 绘制矩形框

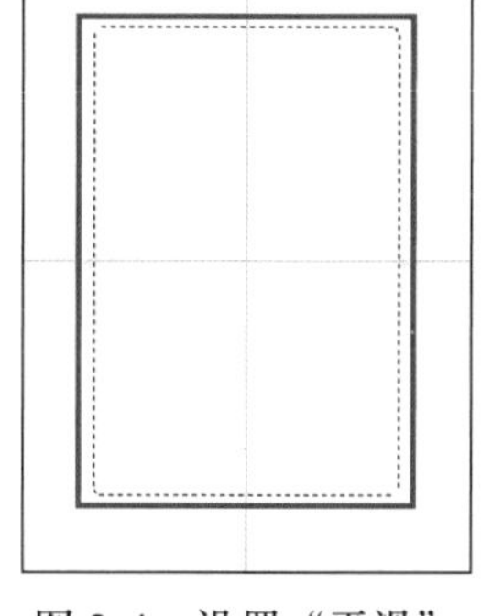

图 2-4 设置“平滑”

小技巧

选择工具箱中的“矩形选框工具”和“椭圆选框工具”，配合下列快捷键，可以建立特殊选区。

◎按住【Shift】键不放，在图像窗口中按住鼠标左键并拖曳鼠标光标，可以创建正方形或圆形选区。

◎按住【Alt】键不放，在图像窗口中按住鼠标左键并拖曳鼠标光标，可以生成一个以鼠标光标落点为中心的选区。

◎按住【Alt+Shift】键不放，在图像窗口中按住鼠标左键并拖曳鼠标光标，可以生成一个以鼠标光标落点为中心向四周缩放的正方形或圆形选区。

（2）选择工具箱中的【拾色器】，单击设置“前景色”图标，打开“拾色器（前景色）”对话框，设置颜色为“红色（R：255，G：0，B：0）”，单击【确定】按钮。这时按住键盘上的【Alt+Delete】键将选区填充前景色。

（3）选择【选择】→【修改】→【收缩】命令，打开“收缩选区”对话框，设置收缩量为“15像素”，单击【确定】按钮。再打开“平滑选区”对话框，设置取样半径为“15像素”，单击【确定】按钮，如图2-5所示。

（4）按【Delete】键，删除选区中的内容，如图2-6所示。

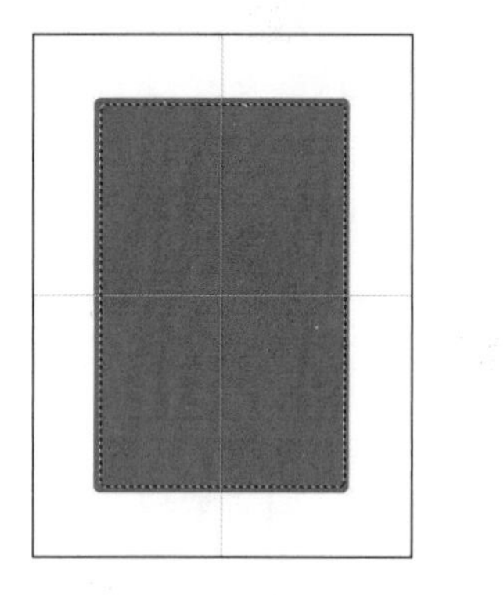

图 2-5　设置“收缩平滑”效果

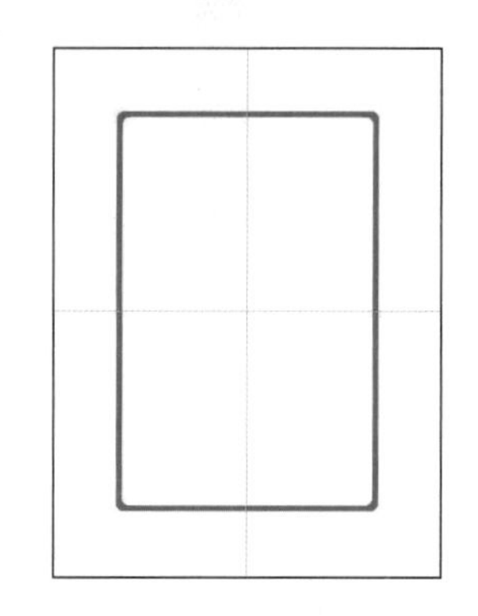

图 2-6　删除选区内容

小技巧

取消选区可以选择【选择】→【取消选区】命令或按快捷键【Ctrl+D】来实现。

4. 绘制圆环

（1）在【图层】面板中单击【创建新图层】按钮，【图层】面板中会自动增加一个名为“图层1”的新图层，鼠标指向“图层1”，双击，将“图层1”更名为“圆环”，如图2-7所示。

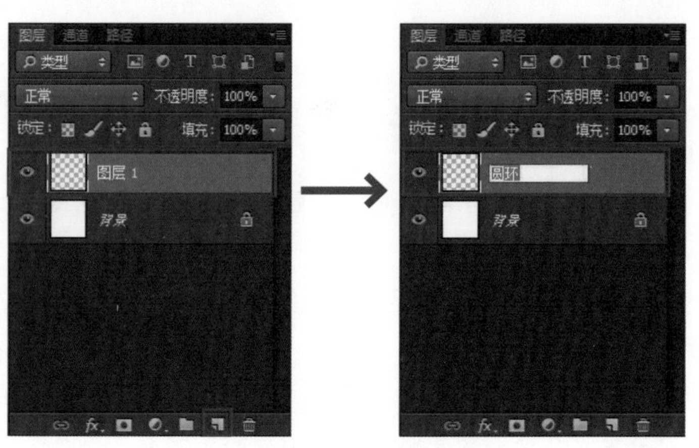

图 2-7　创建“圆环”图层

（2）单击工具箱中的【椭圆选框工具】，以参考线的交叉点为圆心，按住【Alt+Shift】键绘制正圆，如图2-8所示。单击工具选项栏中的“从选区减去”选项，再以交叉点为圆心绘制正圆，并为选区填充红色前景颜色，其效果如图2-9所示。

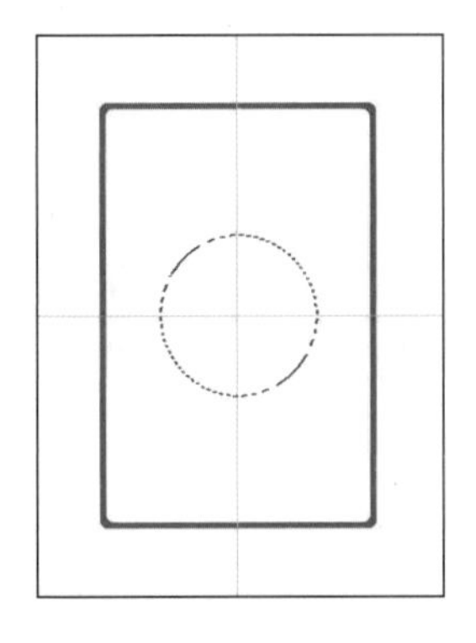

图 2-8　绘制正圆

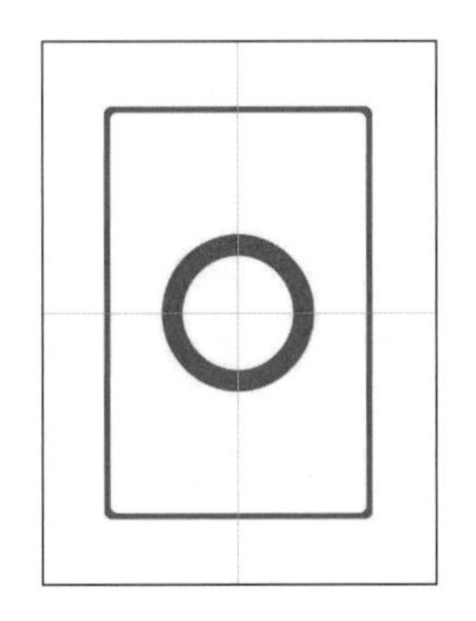

图 2-9　绘制圆环

知识窗

如果希望扩大或缩小选区范围，可以利用建立选区工具选项栏中的图标来实现。4个图标从左至右分别表示“创建新选区”“添加到选区”“从选区中减去”“与选区交叉”。

◎创建新选区：表示的是正常情况下的选区。当创建好一个选区后，在选区外再创建一个选区，则前面的选区将不存在，它只会显示最后一个独立选区。

◎添加选区：在原来选区上增加新的选区，或按【Shift】键。

◎从选区中减去：在原来选区上减去新的选区，或按【Alt】键。

◎与选区交叉：获取两个选区的交叉部分，或按快捷键【Shift+Alt】。

ZHISHICHUANG

（3）单击工具箱中的【矩形选框工具】，按如图2-10所示，为圆绘制一条红色的直径。再选择【编辑】→【变换】→【旋转】命令，弹出变换选区的工具选项栏，设置旋转角度为“－45”度，如图2-11所示。

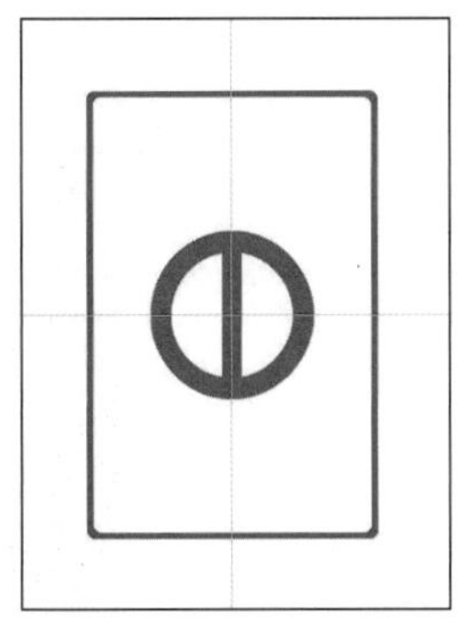

图 2-10　添加矩形条

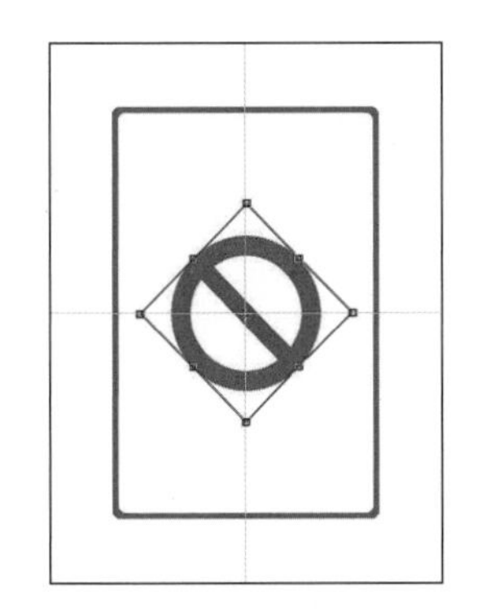

图 2-11　旋转圆环

小技巧

“自由变换”可以选择【编辑】→【自由变换】命令或快捷键【Ctrl+T】，当调整好后，按【Enter】键确认；按【Esc】键可取消当前的变形选区操作。

5. 绘制香烟

（1）在【图层】面板中创建新图层，将该图层重命名为“香烟”。

（2）单击工具箱中的【矩形选框工具】，利用工具选项栏中的【从选区减去】选项，绘制香烟，并填充为“黑色”，如图2-12所示。

6. 绘制烟雾

（1）在【图层】面板中创建新图层，将该图层重命名为“烟雾”。

（2）单击工具箱中的【钢笔工具】，绘制两条不封闭的路径，如图2-13所示。再利用工具箱中的【直接选择工具】，移动路径上的锚点或线段，调整烟雾逼真效果，如图2-14所示。

图 2-12　绘制香烟

图 2-13　绘制路径

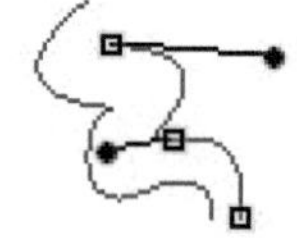

图 2-14　调整路径

小技巧

利用【钢笔工具】绘制不封闭路径，按住【Ctrl】键不放，在画板其他地方单击即可。

（3）单击工具箱中的【画笔工具】，利用工具选项栏中“画笔预设选取器”设置大小为“5像素”，选择【路径】面板中的“用画笔描边路径”图标，如图2-15所示。

（4）选择工具箱中的【移动工具】，单击“烟雾”图像，按【Delete】键删除路径，利用【变形工具】，调整好大小。在【图层】面板中，把“香烟”图层移至“圆

图 2-15　画笔描边路径

环”图层的下方，效果如图2-16所示。

活动二 添加文字

1. 导入文字

（1）单击【文件】→【打开…】命令，打开“素材\单元二\禁烟标志\文字.psd”文件。选择工具箱中的【魔棒工具】，选中工具选项栏中“添加到选区”选项，选中所有文字及线条，如图2-17所示。

图 2-16 调整香烟位置

（2）单击工具箱中的【移动工具】，拖动选区到“禁烟标志.psd”文件中，将该图层重命名为“文字”，调整位置和大小，如图2-18所示。

图 2-17 利用【魔棒工具】选中文字和线条

图 2-18 “禁止吸烟”文字

2. 编辑文字

（1）选择工具箱中的【横排文字工具】，设置工具选项栏的选项，如图2-19所示。

图 2-19 设置文字“工具选项栏”

（2）输入文字“室内场所”，调整好位置。选择【文件】→【存储】命令，整个禁烟墙贴制作完成。

◆ 案例小结

本案例完成了“禁烟标志”的制作，主要学习了选区的创建、相加、相减等，特殊选区修改，应用各种填充方式填充选区等操作。其中需要注意以下4点：

（1）“选框工具”用于制作规则选区。

（2）“钢笔工具”用来创建各种规则或不规则路径后，转换成选区，才可以对选定区域进行编辑。

（3）对选区和已有选区进行并集（添加到选区）、差集（从选区减去）和交集（与选区交叉）的操作。

（4）“修改”选区命令可使选区图像发生一些意想不到的变化效果。在菜单栏【选择】→【修改】子菜单中集中了经常要用到的修改选区命令，包括“边界”“平滑”“扩展”“收缩”“羽化”命令。

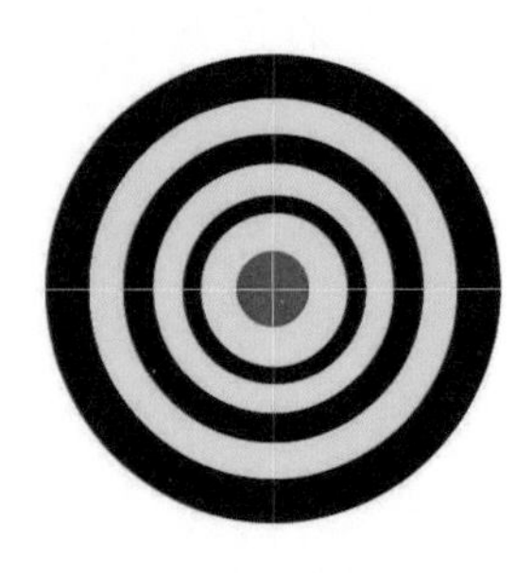

图 2-20　十字靶心

◆ 拓展练习

模仿图2-20制作“十字靶心”的效果图。

案例二

NO.2

制作“桃花出屏”

微　课

◆ 案例分析

人们经常看到一些广告使用夸张的手法，使观众产生深刻的印象，其实它的制作过程并不复杂，本案例将利用显示器制作“桃花出屏”的逼真效果，介绍不规则选区工具的使用。

完成本案例的学习后，你应能：

◇ 用【套索工具】建立选区。

◇ 用【魔棒工具】选取相似选区。

◇ 掌握选区的反选、全选等操作。

◆ 效果展示

图 2-21　“桃花出屏”效果图

◆ 案例达成

活动一　导入素材

1. 新建文档

启动Photoshop CC，选择【文件】→【新建】命令，创建一个名称为“桃花出屏”、宽度为“20厘米”、高度为“16厘米”、分辨率为“300像素/英寸”、颜色模式为“RGB颜色”的空白文档。

2. 导入“墙面”

（1）选择【文件】→【打开…】命令，打开 “素材\单元二\桃花出屏\墙面.jpg”文件。

（2）选择【选择】→【全部】命令，选中所有内容，用【移动工具】 拖动选区到“桃花出屏.psd”文件中。

（3）选中【图层】面板中的“图层1”，双击 “图层1” 文字，将该图层重命名为“墙面”。

3. 导入“显示器”

（1）选择【文件】→【打开…】命令，打开 “素材\单元二\桃花出屏\显示器.jpg”文件。

（2）选择工具箱中的【魔棒工具】 ，单击图层的白色区域，则白色区域被选中，单击【选择】→【反选】命令，则当前选区变为显示器，如图2-22所示。

（3）用【移动工具】拖动选区到“桃花出屏.psd”文件中，如图2-23所示。

（4）双击【图层】面板中的“图层2”，将该图层重命名为“显示器”。

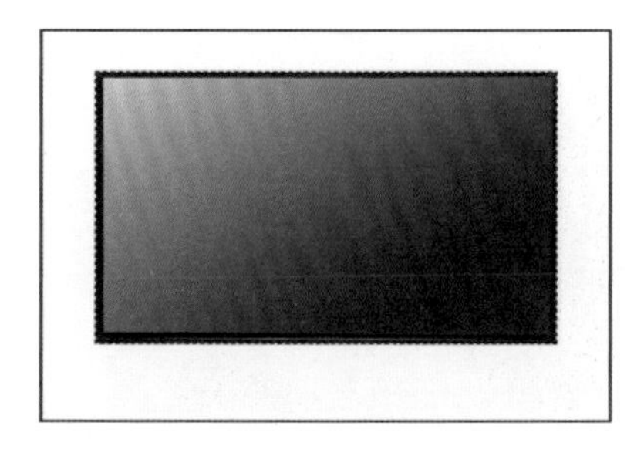

图 2-22　利用“反选”选中显示器

图 2-23　移动显示器到“桃花出屏”文件

小技巧

◎“全选”可直接按快捷键【Ctrl+A】。

◎“反选”可直接按快捷键【Shift+Ctrl+I】。

4. 导入“桃花”

（1）选择【文件】→【打开…】命令，打开 “素材\单元二\桃花出屏\桃花.jpg”文件，用以上方法拖动选区到“桃花出屏.psd”文件中。

（2）选择【编辑】→【自由变换】命令，调整大小，如图2-24所示。

图 2-24　利用“变换”工具调整桃花

（3）双击【图层】面板中的“图层3”，将该图层重命名为 “桃花”。

5. 导入“蝴蝶”

（1）选择【文件】→【打开…】命令，打开 “素材\单元二\桃花出屏\蝴蝶.jpg”文件。

（2）选择工具箱中的【磁性套索工具】，鼠标移动到蝴蝶边缘，单击创建关键点（起点），沿对象轮廓缓慢移动鼠标自动创建关键点，如图2-25所示。

（3）从起点移动到回起点，再次单击，这时的选区就会自动地闭合为蚂蚁线，如图2-26所示。

图 2-25　利用【磁性套索工具】创建关键点

图 2-26　创建封闭选区

知识窗

工具箱中提供了【自由套索工具】、【多边形套索工具】和【磁性套索工具】，这3种工具用来建立不规则选区，它们的区别在于：

◎自由套索工具：用鼠标“画”出一个封闭区间就会自动生成一个选区。

◎多边形套索工具：用自定义的直线来随意组成封闭的空间选区。

◎磁性套索工具：用来抠出和周围颜色差别比较大的图形或边界比较明显的选区。

ZHISHICHUANG

小技巧

【磁性套索工具】是一个非常好用的选区工具，在使用中，移动鼠标会自动识别用户想要的选区并产生控制点：

◎删除控制点：当某个部分的控制点出现偏差，按【Delete】键删除再重新取样。

◎手动添加控制点：当抠取的图片不规则，有很多的拐角，这时就需要手动添加点，在想要添加点的位置单击鼠标左键即可。

◎使用磁性套索时，可通过按【Ctrl++】或者【Ctrl+—】放大、缩小图片。

（4）用【移动工具】拖动选区到“桃花出屏.psd”文件中。

（5）双击【图层】面板中的“图层4”，将该图层重命名为“蝴蝶”。

（6）选择【编辑】→【自由变换】命令，调整位置大小，如图2-27所示。

图 2-27　利用“自由变换”工具调整蝴蝶

活动二　制作特效

1. 制作“桃花出屏”特效

（1）选择【图层】面板中的“桃花”图层，单击工具箱中的【矩形选框工具】，创建如图2-28所示的选区。

（2）选择工具箱中的【魔棒工具】，选中工具选项栏中的“与选区交叉”选项，并设置容差为“30”。单击选区中的蓝色部分，则该选区中的蓝色区域被选中，如图2-29所示。

（3）按键盘上的【Delete】键，删除选区内容，如图2-30所示。

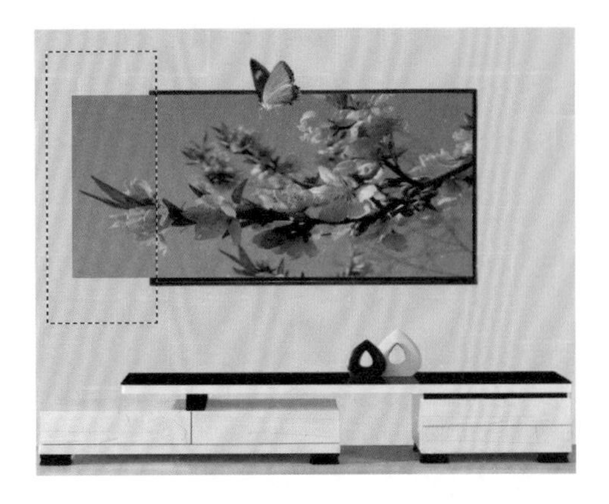

图 2-28　利用【矩形选框工具】选中部分内容

图 2-29　利用【魔棒工具】选中

图 2-30　删除背景

2. 制作“蝴蝶”特效

（1）选择【图层】面板中的“蝴蝶”图层，按住鼠标左键不放拖动至【创建新图层】按钮，如图2-31所示。【图层】面板中会自动增加一个名为“蝴蝶 拷贝”的新图层，如图2-32所示。

图 2-31　复制“蝴蝶”图层

图 2-32　生成新图层

（2）单击工具箱中的【移动工具】，将“蝴蝶 拷贝”图层的蝴蝶移出。

（3）选择【编辑】→【变换】→【水平翻转】命令，如图2-33所示。

图 2-33　“水平翻转”蝴蝶

（4）选择【编辑】→【变换】→【缩放】命令，调整蝴蝶的位置和大小。

（5）选择【文件】→【存储】命令，保存文档。

◆ 案例小结

本案例完成了“桃花出屏”的制作，主要学习了使用【磁性套索工具】【魔棒工具】建立选区，以及各种选区属性的设置。其中需要注意以下3点：

（1）【套索工具】用于制作不规则选区。

（2）【魔棒工具】根据“容差”来快速选取颜色一致或近似的图形，形成规则或不规则的选区。

（3）【磁性套索工具】工具选项栏 羽化：0像素 消除锯齿 宽度：10像素 对比度：10% 频率：57 中各属性功能的设置。

◎羽化：有的选区工具有这个功能，主要是对选区的抠图进行颜色上的过渡，使抠取的图片看起来更加真实，与想要合成的背景融合得更好。羽化的数值需要在绘画选区之前进行设定，否则无效。一般羽化值越大，边缘越柔和；羽化值越小，边缘越生硬。

◎宽度和对比度：设置选区线的宽度和对比度，以便能够区分绘制的选区边界在哪里。

◎频率：设置“磁性套索工具”绘制的选择点之间的距离，也就是点的频率。频率越高，数量就越多，反之越少，数值范围为0～100。

◆ 拓展练习

打开“素材\单元二\人与动物\人与动物.jpg”文件，如图2-34所示。调整图中素材的位置和效果，使得最终效果如图2-35所示。

图2-34　人与动物（前）

图2-35　人与动物（后）

案例三

NO.3

制作“森林协奏曲”

◆ 案例分析

本案例是以森林的一角为绘制灵感，把森林里的树木和阳光和谐交融在一起，绘制出“森林协奏曲”，从中能学习到画笔的选择、【画笔工具】的使用及【画笔工具】的设置等操作。

完成本案例的学习后，你应能：

◇ 熟练运用和调整【画笔工具】，并能调整【画笔工具】的预设。

◇ 熟练使用绘制工具，其中包括【画笔工具】中的预设图案，以及【橡皮擦工具】【选框工具】【填色工具】等。

◆ 效果展示

图 2-36 “森林协奏曲”效果图

◆ 案例达成

活动一 绘制主体物

1. 新建文档

启动Photoshop CC，创建一个名称为“森林协奏曲”、宽度为“30厘米”、高度为“40厘米”、分辨率为“300像素/英寸”、颜色模式为“RGB颜色”的空白文档，如图2-37所示。

2. 绘制主体树木

（1）在【图层】面板中新建名为“大树”的图层，如图2-38所示。选择【画笔工

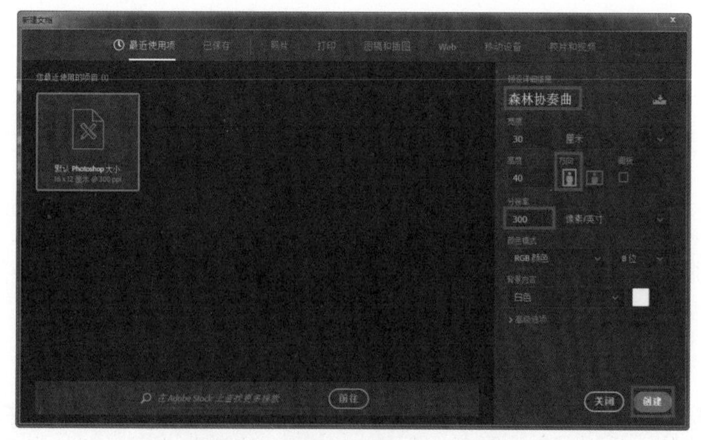

图 2-37　设置“新建”对话框

具】中预设的画笔—圆曲线低硬毛刷百分比，像素为“10 ~ 12 px”，如图2-39所示，绘制大树的轮廓。

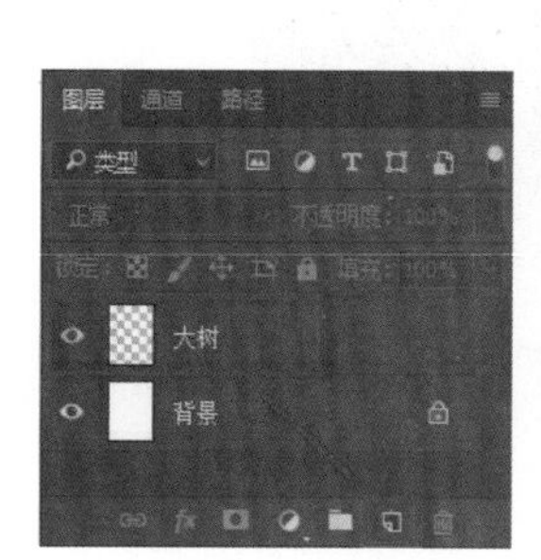

图 2-38　新建“大树”图层

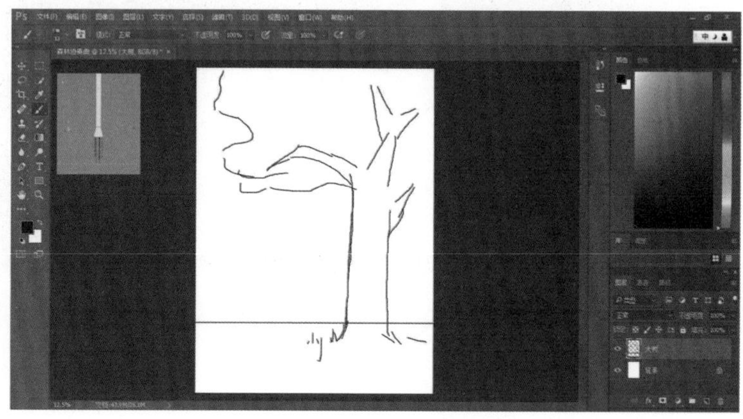

图 2-39　绘制大树轮廓

（2）在“大树”图层之上新建图层并命名为“树叶区”，选择【画笔工具】中预设的60号画笔，进行分区涂色，涂色的颜色从左到右分别为#f3e442，#efa505，#ec800b，#a04006，#5a2302，#9f7256，如图2-40所示。

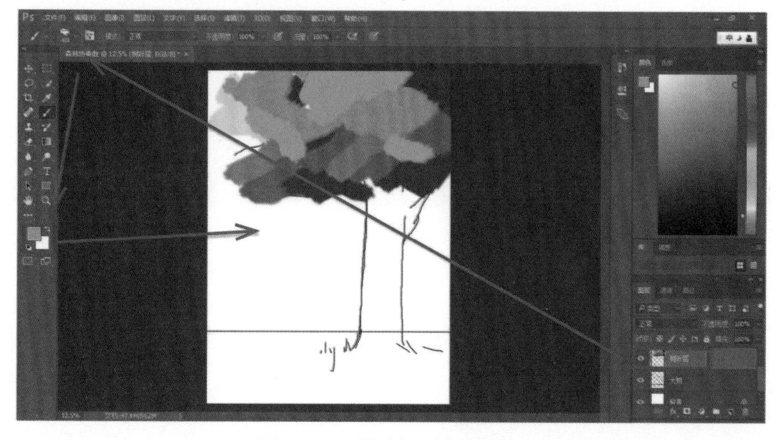

图 2-40　绘制“树叶区”

小提示

根据“森林协奏曲”样图，树叶区由深浅有序的底色和树叶画笔两个部分组成，并且光线由左上角射入，树叶的颜色由左到右、由上到下依次加深。

（3）用同样的原理，在“树叶区”之上新建图层“树叶”，并在该图层上选用【画笔工具】中预设的“散布枫叶”画笔，如图2-41所示，调整画笔参数，根据“树叶区”的颜色，绘制树叶。

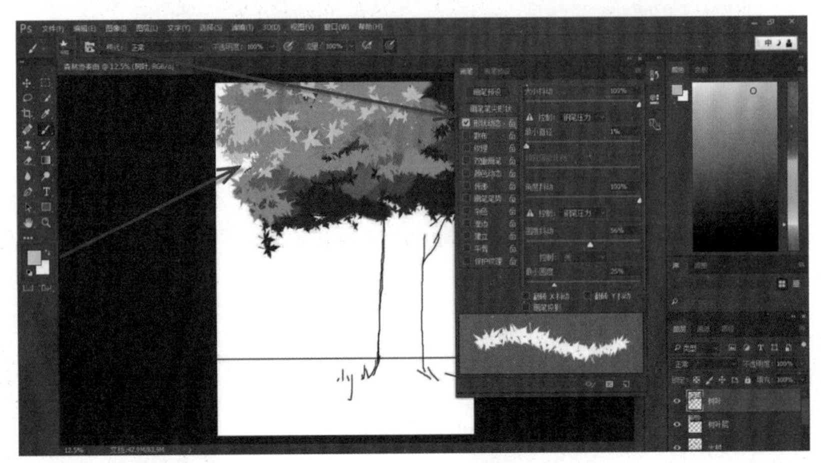

图 2-41　绘制“树叶”

小提示

光影变化：

①PS中的绘画原理和传统美术绘画原理相同，它的理论知识会让作品更完美。

②光影变化十分重要，物体受光的影响会分为受光面、明暗交界线、暗部3个部分。有颜色的物体会根据光的色调，调整物体明暗的颜色。

知识窗

除了直径和硬度的设定外，Photoshop针对笔刷还提供了非常详细的设定，这使得笔刷变得丰富多彩。

◎笔尖形状设置：主要是对画笔形状的选择，大小、硬度和间距的设置。

◎形状动态：可以决定描边中画笔笔迹的变化，它可以使画笔的大小、圆度等产生随机变化的效果。

◎散布：散布选项面板中可以设置描边中笔迹的数目和位置。

◎纹理：使用纹理选项可以绘制出带有纹理质感的笔触。

◎双重画笔：可以使绘制的线条呈现出两种画笔的效果，其参数的设置与首页的画笔笔尖形状的参数相似。

◎颜色动态：可以通过选项设置绘制出颜色变化的效果。

◎传递：场地选项可以用来确定油彩在描边路线中的改变方式，主要是对不透明度、流量、湿度、混合等抖动的控制。

◎画笔笔势：用于调整毛刷画笔笔尖、倾斜画笔笔尖的角度。

除了以上的8个选项设置外，面板中还有杂色、湿边、建立、平滑、保护纹理5个选项，这些选项不能调整参数，只需勾选。

◎杂色：为个别画笔笔尖增加额外的随机性。

◎湿边：沿画笔描边的边缘增大油彩量，从而创建出水彩效果。

◎建立：模拟传统的喷枪技术，根据鼠标按键的单击程度确定画笔线条的填充数量。

◎平滑：在画笔描边中生成更加光滑的曲线。使用压感笔快速绘画时，可勾选该选项。

◎保护纹理：勾选后，在使用多个纹理画笔绘画时，可以模拟出一致的画布纹理。

ZHISHICHUANG

（4）如图2-42所示，隐藏图层，方便绘制树干。

（5）在“大树”图层之上新建图层，并重命名为“树干”，如图2-43所示。

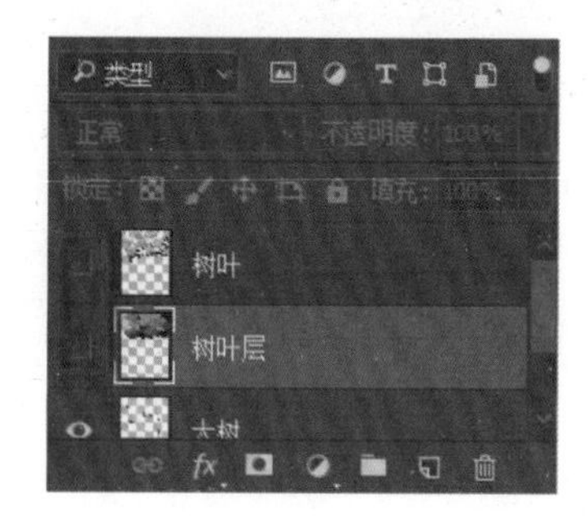

图 2-42　隐藏“树叶”“树叶区”图层

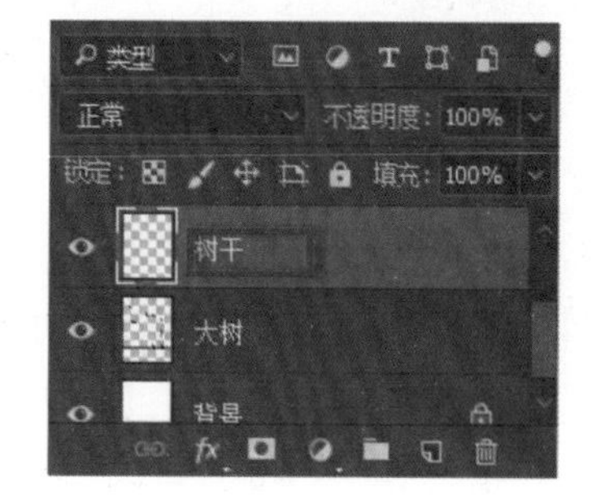

图 2-43　新建“树干”图层

（6）在“树干”图层中，用【多边形套索工具】勾勒出红色区域，如图2-44所示。

（7）在所勾勒的选区中填充赭石色（#472208），如图2-45所示。

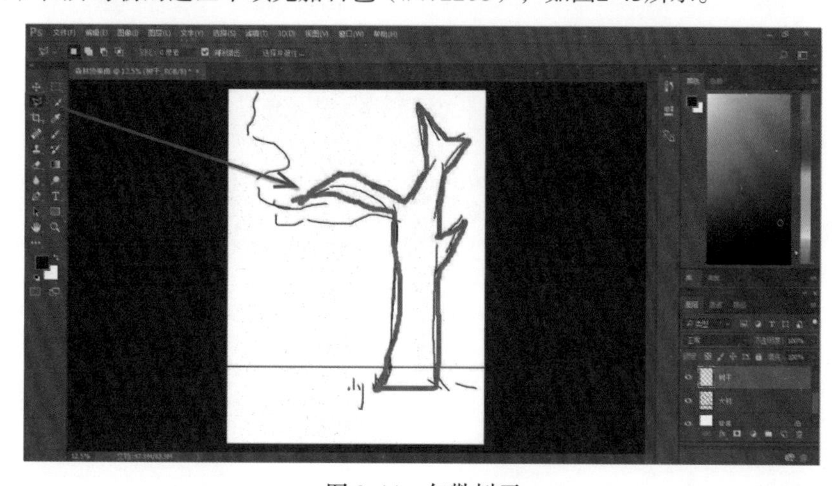

图 2-44　勾勒树干

（8）把隐藏的图层显示，查看效果并调整，要让树干在“树叶”图层的衬托之下，若隐若现，更加真实，如图2-46所示。

图 2-45　填充颜色

图 2-46　调整图层位置

（9）用【橡皮擦工具】擦掉之前绘制的参考地平线，并用【画笔工具】预设中的尖角画笔等类似的笔刷，绘制出树干的光影变化，颜色可以参考图2-47所示。

图 2-47　绘制“树干”光影

3. 树木画面布局

（1）在【图层】面板中选中“树干”“树叶区”“树叶”“大树”4个图层，用快捷键【Ctrl+J】复制图层，出现如图2-48所示的拷贝图层；用快捷键【Ctrl+E】合并图层，会出现如图2-49所示名为“树叶 拷贝”的合并图层。

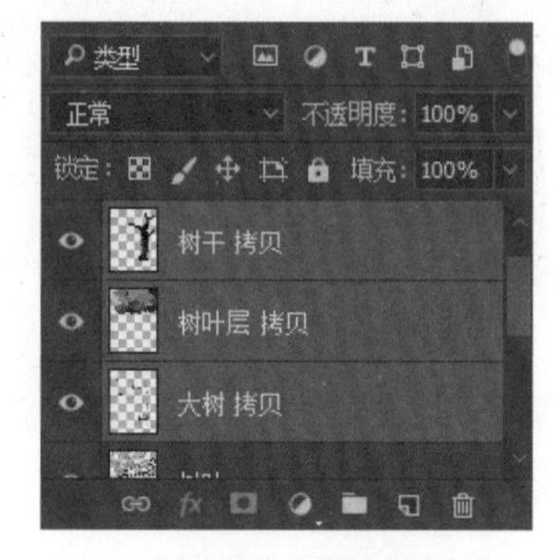

图 2-48 复制图层

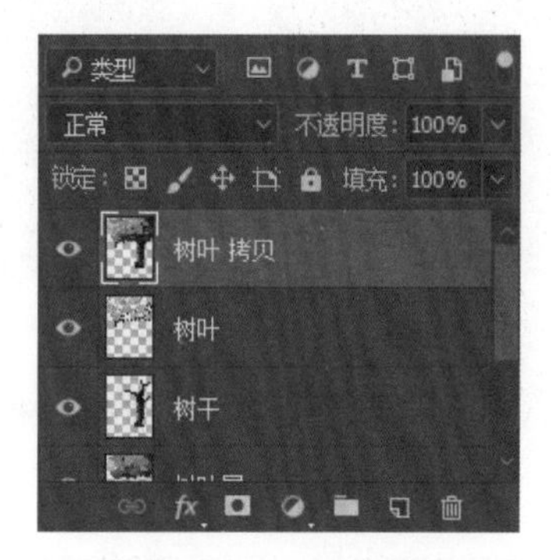

图 2-49 合并图层

（2）在【图层】面板中用快捷键【Ctrl+J】复制出图层“树叶 拷贝2”，如图2-50所示，调整树木的前后关系。

图 2-50 调整图层位置

（3）选择【图像】→【调整】→【色相/饱和度】命令，调整“树叶 拷贝”和“树叶 拷贝2”两个图层的饱和度，如图2-51所示。

（4）合并图层“树叶 拷贝”和“树叶 拷贝2”，并填充如图2-52所示中的颜色，复制并排。制作远处虚化的树木，让画面看起来更有层次感和视觉深度。

（5）运用【多边形套索工具】和【填充工具】，绘制出远处树下的灌木丛的大致形状，如图2-53所示。

（6）在【画笔工具】预设中选中“沙丘草”笔刷，如图2-54所示。

（7）绘制出草丛的效果图，如图2-55所示。

图 2-51　设置“色相 / 饱和度”参数

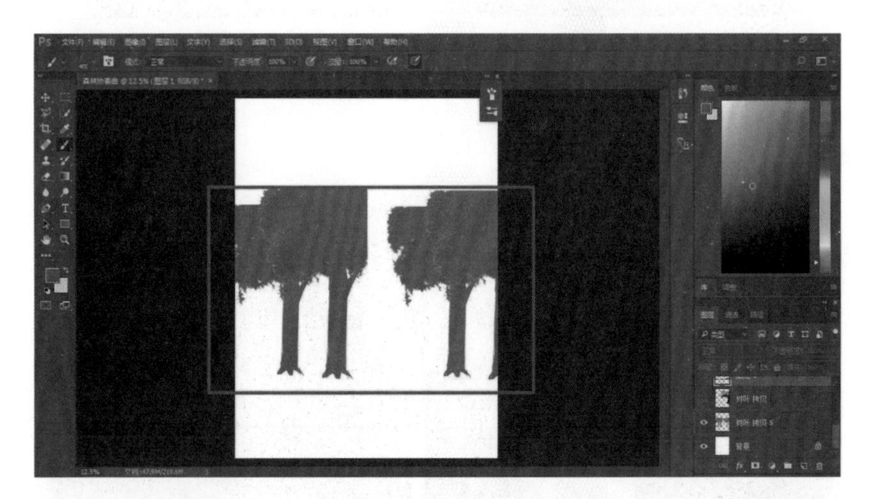

图 2-52　并排图像

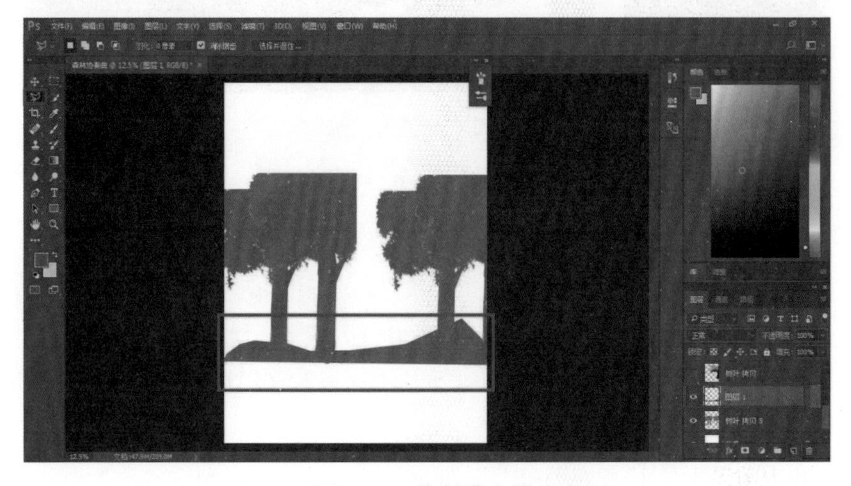

图 2-53　绘制灌木丛

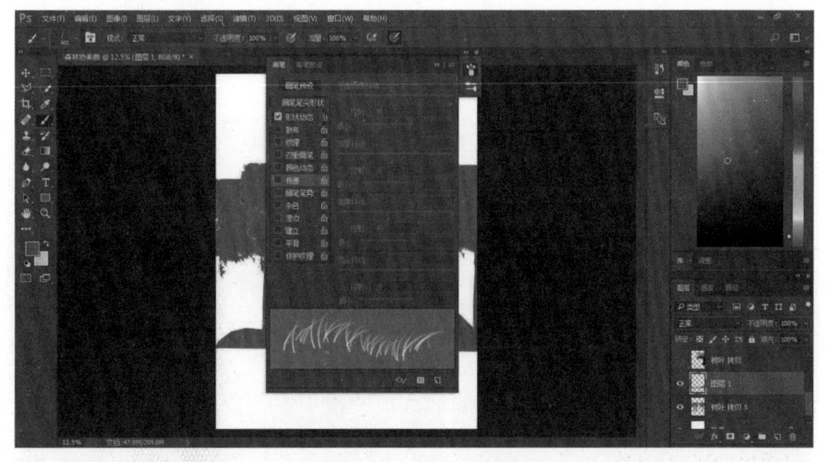

图 2-54　设置笔刷

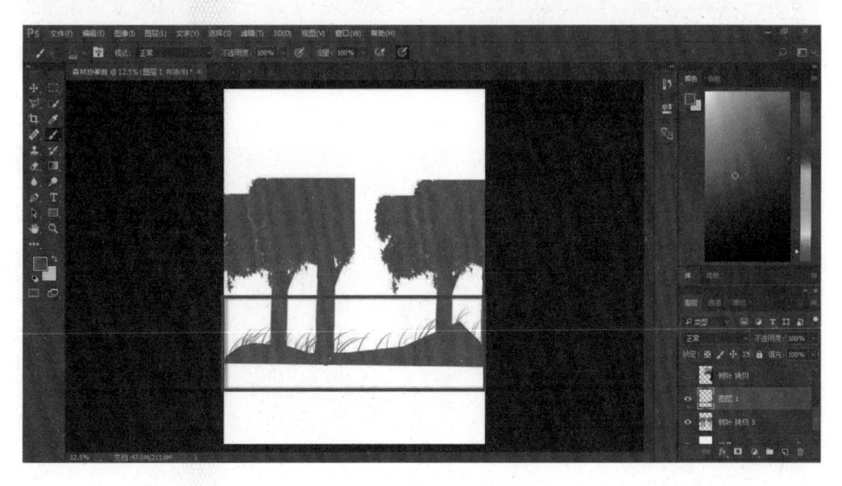

图 2-55　背景草丛效果图

4. 绘制草地

（1）在【图层】面板“背景”图层上新建图层“草地”，在草地区域绘制颜色有光影和前后变化的色块，如图2-56所示。

图 2-56　绘制光影

（2）在【画笔工具】预设中选中“草”笔刷，如图2-57所示。

（3）草地绘制效果如图2-58所示。

图 2-57　设置草丛笔刷

图 2-58　草地效果图

活动二　美化画面

1. 制作光束

（1）在【图层】中，新建“光束”图层，如图2-59所示，利用【矩形选框工具】拉出阳光光束的外框，并用【渐变工具】中的白色到透明色填充，如图2-60所示，渐变效果如图2-61所示。

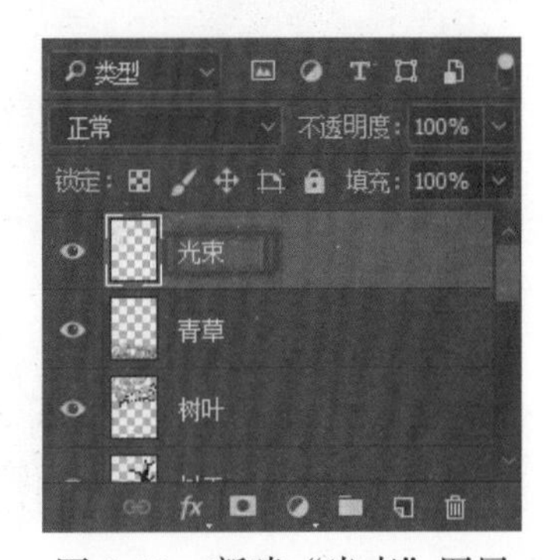

图 2-59　新建“光束”图层

图 2-60　设置渐变参数

图 2-61　渐变效果图

（2）利用快捷键【Ctrl+T】选择该选区，右击选择“透视”，如图2-62所示。将画面中的矩形光束拉成如图2-63所示的样式。

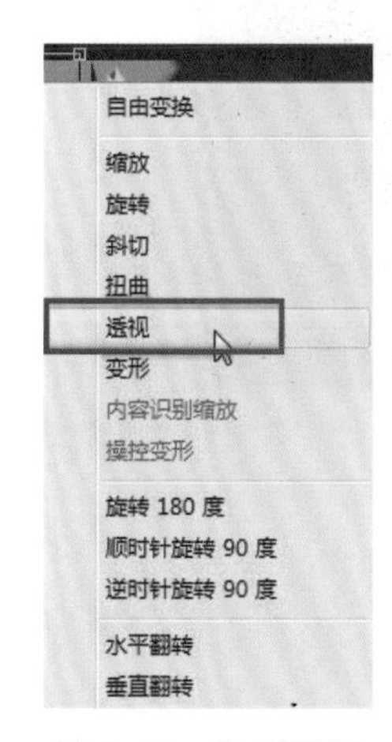

图 2-62　设置透视

图 2-63　调整光束效果

小提示

透视关系：近大远小，近实远虚。

其中，光束会在画面中呈现由聚拢到扩散的效果，这样，才能使画面更生动形象。

（3）如图2-64所示，利用快捷键【Ctrl+J】复制出3条光束，并根据画面调整位置。

（4）如图2-65所示，新建图层“光点”，利用【画笔工具】中有羽化效果的笔刷，调整大小绘制随意的光点。

图 2-64 复制光束

图 2-65 添加光点

2. 保存文档

选择【文件】→【存储】命令，以“森林协奏曲”为名保存文档，文档类型分别为“.psd”和“.jpg”格式。

◆ 案例小结

本案例完成了绘制“森林协奏曲”的操作，主要学到了【画笔工具】的运用，【橡皮擦工具】的作用，【选框工具】【填充工具】【渐变工具】等绘制图像的基本操作。其中需要注意以下4点：

（1）一定要把绘制的图像分不同的图层保存。

（2）“画笔工具”中的属性可以调整，一定要多试几次才能确定，创作时可以多一些自己的亮点，但是整体画面一定要协调统一。

（3）图像中物体的摆放和分布一定要遵循美术知识中的透视和光影关系。

（4）颜色的搭配要考究。

◆ 拓展练习

利用本单元所学知识，分析图2-66的构图思路、绘制顺序和颜色分布等，临摹该幅范图。

图 2-66　刺猬一家

单元三

图层、蒙版与通道

在使用Photoshop进行图形处理时，常常会用图层、蒙版、通道来编辑图像。在Photoshop软件中，图层、蒙版、通道是非常重要的组成部分，它们是构成图像的重要组成单位，许多效果可以通过对图层、蒙版、通道的直接操作而得到。

图层就像是一张张透明的玻璃纸，在不同的图层上分别加入文字、图形等元素，再按一定的顺序叠放在一起，就可以组成一幅美丽的图像；蒙版的作用是保护一部分图像，使它们不受各种处理操作的影响；通道与图像的格式密不可分，图像颜色、格式的不同决定了通道的数量和模式。

案例一

NO.1

制作“旅游宣传招贴”

◆ 案例分析

招贴，即张贴在街头或公共场所的文字或图画，它是海报的原始表现形式，其内容简单，但主题鲜明，重点突出。本案例是以重庆为背景，制作一幅“旅游宣传招贴”，从而熟悉图层的基本运用。

完成本案例的学习后，你应能：

- 新建和复制图层。
- 对图层进行命名和排序。
- 新建和复制图层组。
- 显示与隐藏图层。

◆ 效果展示

图 3-1　“旅游宣传招贴”效果

◆ 案例达成

活动一　添加素材

1. 新建文档

启动Photoshop CC，创建一个名称为“旅游宣传招贴”、宽度为“24厘米”、高度为“14厘米”、分辨率为“300像素/英寸”、颜色模式为“RGB颜色”的空白文档。

2. 复制“线条”图层

（1）选择【文件】→【打开】命令，打开 “素材\单元三\旅游宣传招贴\线条.psd”文件。在其【图层】面板中选中“线条”图层为当前图层，如图3-2所示。选择【图层】→【复制图层】命令，打开“复制图层”对话框，在目标文档中选择“旅游宣传招贴”文档，单击【确定】按钮，如图3-3所示。

图 3-2　“线条”图层

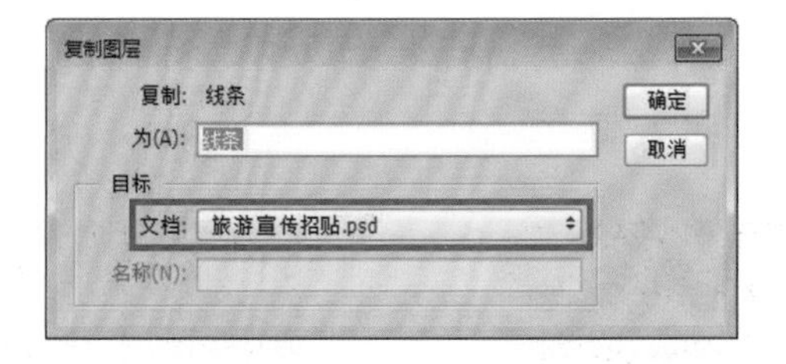

图 3-3　设置“复制图层”对话框

小提示

当前图层与其他图层相比，是以深颜色显示。

小技巧

复制图层的3种方式：

◎通过【图层】→【复制图层】命令，进行图层复制。

◎右击要复制的图层，在弹出的快捷菜单中选择【复制图层】，进行图层复制。

◎在同一文档中复制图层。可用鼠标左键按住要复制的图层不放，拖拽至图层面板下方的【新建图层】按钮上，进行图层复制。

（2）选择“旅游宣传招贴”文档，在其【图层】面板中选中“线条”图层为当前图层，再在图像窗口中，把“线条”图像拖拽到画面中央偏左的位置。

3. 新建图层

（1）在【图层】面板中，单击【新建图层】按钮，【图层】面板中会自动增加一个名为“图层1”的新图层，如图3-4所示。

（2）用同样的方式再添加两个图层，如图3-5所示。

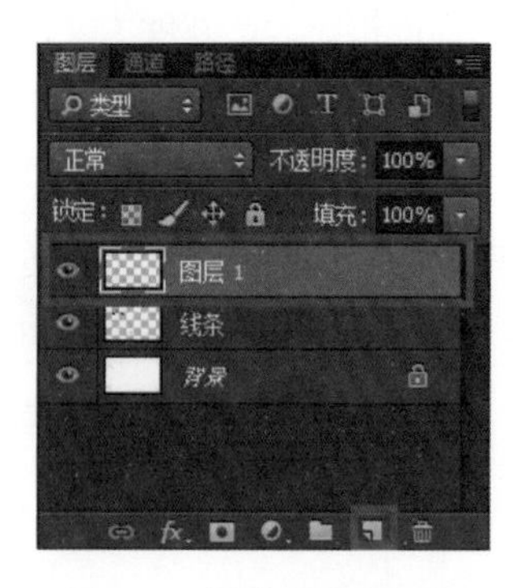

图 3-4　新建“图层 1”

图 3-5　新建另外两个图层

4. 修改图层名称

（1）在图层“图层1”名称上双击，图层名称会变成可编辑状态，输入“人民大礼堂”，如图3-6所示。

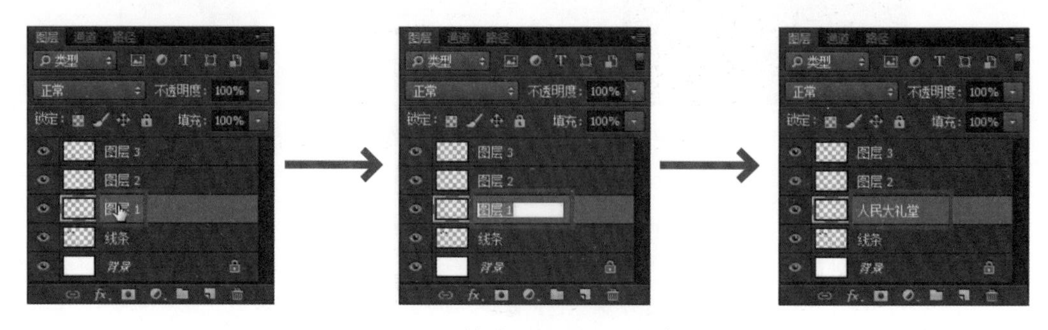

图 3-6　修改“图层 1”名称

小技巧

重命名图层的两种方式：

◎在【图层】面板中，双击要重命名的图层的名称，可重命名图层。

◎先选中需要重命名的图层，再选择【图层】→【重命名图层】命令，也可以重命名图层。

（2）用同样的方式将“图层2”的名称修改为“解放碑”，将“图层3”的名称修改为“磁器口”。

5. 调整图层顺序

在【图层】面板中，将鼠标移动到“线条”图层上，鼠标变成 ，按住鼠标左键不放，拖拽“线条”图层至“磁器口”图层的上方，如图3-7所示。

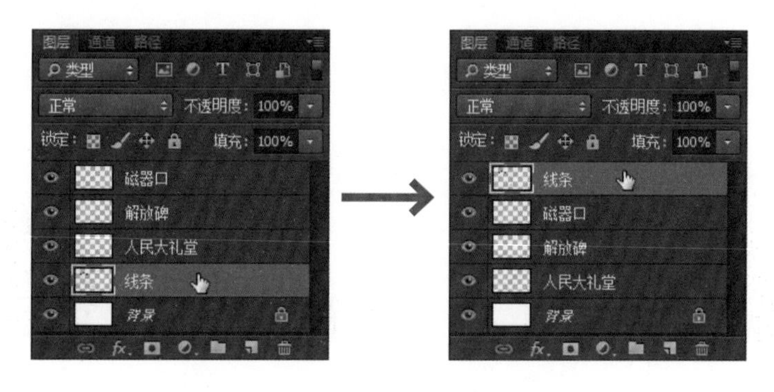

图 3-7　调整“线条”图层的顺序

小提示

在默认状态下，背景图层总是在图层的最下方，其余图层将根据建立的先后顺序依次排列在图层控制面板中，用户也可以通过移动图层改变图层的排列顺序。

小技巧

调整图层顺序的3种方式：

◎用鼠标左键拖拽的方式，可将图层移动到需要的位置。

◎先选中需要移动的图层，再选择【图层】→【排列】命令，在弹出的菜单中选择“置为顶层”“前移一层”“后移一层”或“置为底层”命令。

◎在选中需要移动图层的状态下，可用快捷键进行操作：

“置为顶层”快捷键：Shift+Ctrl+];

“前移一层”快捷键：Ctrl+]；

“后移一层”快捷键：Ctrl+[；

“置为底层”快捷键：Shift+Ctrl+[。

6. 插入图片

（1）选择【文件】→【打开】命令，打开 “素材\单元三\旅游宣传招贴\人民大礼堂.jpg”文件。在打开文件的图像窗口中，按快捷键【Ctrl+A】全选图像，再按快捷键【Ctrl+C】复制图像。

（2）回到“旅游宣传招贴”文件窗口，选择“人民大礼堂”图层为当前图层，按快捷键【Ctrl+V】粘贴图像至图像窗口中。

（3）用鼠标拖拽“人民大礼堂”图片至如图3-8所示位置。

（4）用同样的方式，分别在“解放碑”图层和“磁器口”图层上插入“解放碑”图片和“磁器口”图片，并适当缩放图片大小，如图3-9所示。

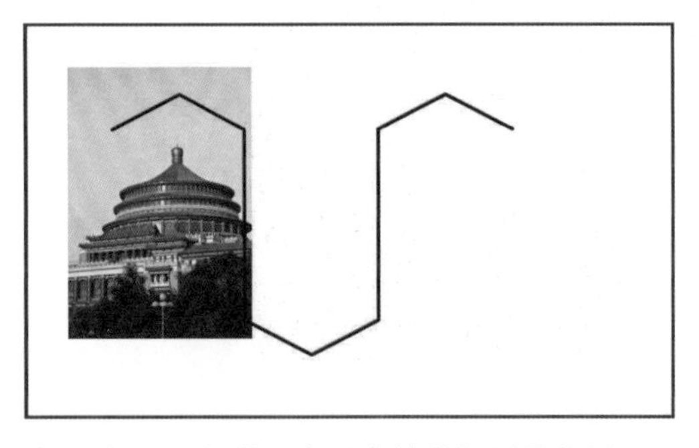

图 3-8　调整“人民大礼堂”图片位置

图 3-9　插入 3 张图片

7. 复制图层组

（1）选择【文件】→【打开】命令，打开 “素材\单元三\旅游宣传招贴\重庆LOGO.psd”文件。在其【图层】面板中选中“重庆LOGO”图层组为当前图层组，再选择【图层】→【复制组】命令，打开“复制组”对话框，在目标文档中选择“旅游宣传招贴”文档，单击【确定】按钮，“重庆LOGO”图层组就复制到了“旅游宣传招贴”文档中，如图3-10所示。

（2）在“旅游宣传招贴”文档的【图层】面板中，选中“重庆LOGO”图层组为当前图层组，再在图像窗口中，把“重庆LOGO”图片拖拽到如图3-11所示位置。

活动二　美化效果

微 课

1. 隐藏图层

（1）在【图层】面板中，单击“解放碑”图层前面的【可见性指示框】👁，隐藏“解放碑”图层，如图3-12所示。

图 3-10　复制图层组

图 3-11　“重庆 LOGO”图片位置

图 3-12　图层面板和图像窗口中图片的隐藏

（2）用同样的方式，隐藏“磁器口”图层。

2. 裁剪“图片”

（1）选择“人民大礼堂”图层为当前图层。用【多边形套索工具】在图像窗口中绘出如图3-13所示选区，按【Delete】键，删除选中区域图像，如图3-14所示。

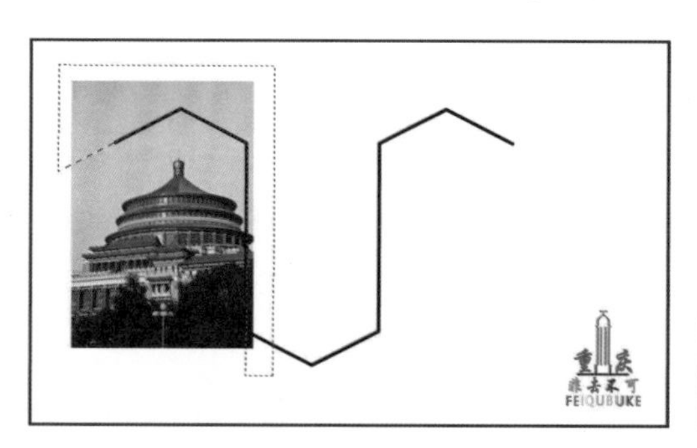

图 3-13　绘制选区

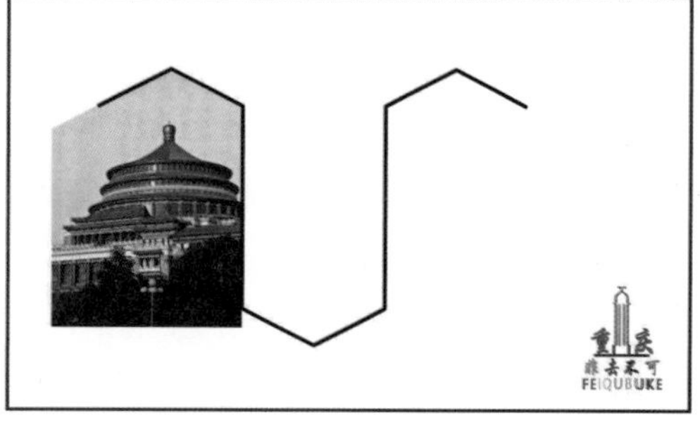

图 3-14　删除选区

（2）选择【矩形选框工具】，并在其“工具选项栏”中设置【羽化】文本框的值为60像素，在图像窗口中绘出如图3-15所示的矩形。按两次【Delete】键，得到如图3-16所示效果。

（3）继续使用【矩形选框工具】，删除图片左边多余部分图像，效果如图3-17所示。

（4）用同样的方式，裁剪“解放碑”和“磁器口”两张图片，效果如图3-18所示。

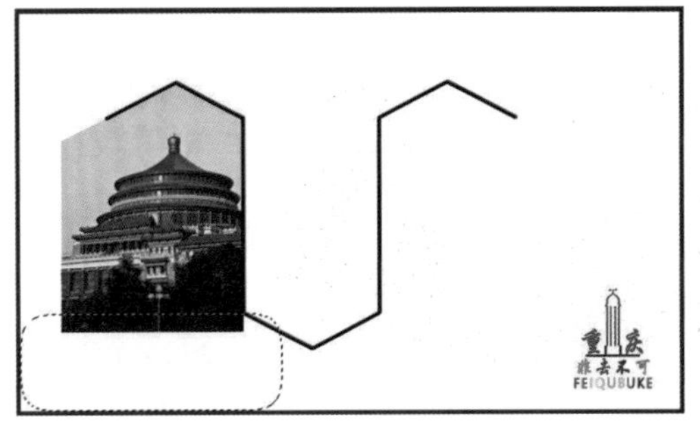

图 3-15　绘制矩形选区

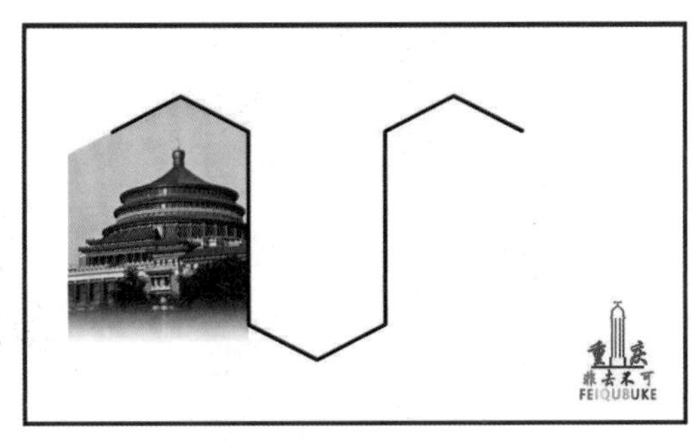

图 3-16　删除底部后效果

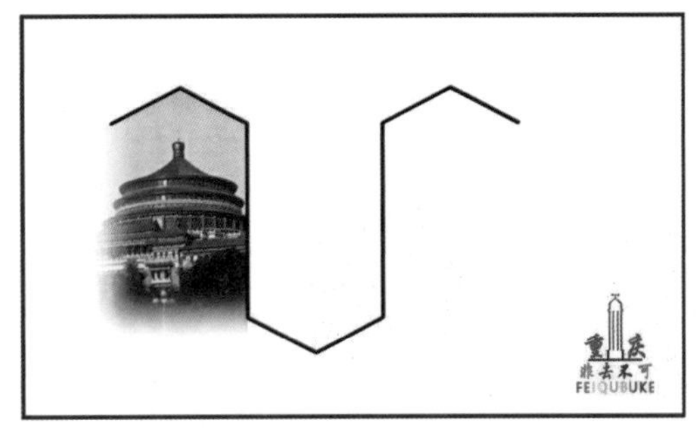

图 3-17　删除左边后效果

图 3-18　裁剪后效果

3. 制作“光圈”图层

（1）选中“背景”图层，新建4个图层，并分别命名为“光圈1”“光圈2”“光圈3”“光圈4”。

小提示

Photoshop软件新建图层时，会把新建的图层创建在当前图层之上。

（2）选择“光圈1”图层为当前图层。设置前景色为（C:81，M:21，Y:100，K:0），选择【椭圆选框工具】，并在其“工具选项栏”中设置【羽化】文本框的值为30像素，然后在图像窗口中绘出一个椭圆选区，并填充前景色，如图3-19所示。

（3）选择【选择】→【变换选区】命令，按住【Alt+Shift】组合键，在图像窗口中缩小椭圆选区，如图3-20所示，按【Enter】键确认修改选区。

（4）按【Delete】键，删除选区内的图像，使窗口中的图像形如光圈效果。再按【Ctrl+T】组合键，旋转选区的角度和位置，使之如图3-21所示。

（5）用同样的方式绘制另外3个光圈，如图3-22所示。光圈颜色：光圈2（C:27，M:100，Y:97，K:0），光圈3（C:94，M:100，Y:56，K:7），光圈4（C:19，M:60，Y:95，K:0）。

图 3-19　绘制“光圈”图像

图 3-20　缩小椭圆选区

图 3-21　“光圈 1”效果

图 3-22　最终效果图

4. 创建图层组

（1）在【图层】面板中选中“磁器口”“解放碑”“人民大礼堂”3个图层，单击【创建新组】按钮 ，把新创建的图层重命名为“图片”，如图3-23所示。

小提示

图层组的作用是将相同属性的图像或文字统一放在同一个组中，便于查找和编辑。用户可以对图层组的名称、颜色、混合模式、不透明度等属性进行设置。

（2）用同样的方式将“光圈1”“光圈2”“光圈3”“光圈4”4个图层组成新的图层组，命名为“光圈”，如图3-24所示。

图 3-23　创建“图片”图层组

图 3-24　创建“光圈”图层组

5. 保存文档

选择【文件】→【存储】命令，以“旅游宣传招贴”为名保存文档。

◆ 案例小结

本案例完成了对“旅游宣传招贴”的制作，主要学习了图层的创建、选择、重命名、复制、显示与隐藏图层，以及对图层组的创建和复制。其中需要注意以下3点：

（1）不同的图像尽量放在不同的图层上，便于编辑和修改。

（2）图层尽量命名，并按图像的远近来排列图层。

（3）相同属性的图层应归纳在同一图层组中，便于查找和编辑。

◆ 拓展练习

利用“素材\单元三\地产广告”文件夹中的文件，模仿图3-25制作地产广告的效果图。

图 3-25　地产广告

案例二

NO.2

制作“中秋节贺卡”

◆ 案例分析

贺卡，是人们在喜庆的节日或事件时互相表达问候的一种卡片。贺卡可以根据节日的气氛和自己的需要选择背景图片、祝福语、音乐和主题等，达到想要的效果。本案例是以中秋节为主题，制作一张“中秋节贺卡”，以熟悉图层样式的基本运用。

完成本案例的学习后，你应能：

◇ 设置“斜面和浮雕”“内阴影”“内发光”“图案叠加”“外发光”“投影”等图层样式。

◇ 掌握10种图层样式的作用。

◆ 效果展示

图 3-26　“中秋节贺卡”效果

◆ 案例达成

活动一　添加素材

1. 打开文档

启动Photoshop CC，打开“素材\单元三\中秋节贺卡\中秋夜.psd”文件，另存为“中秋节贺卡.psd”。新建“灯笼”“文字”“兔+月饼”3个图层组，如图3-27所示。

2. 复制图层

在素材文件夹中打开“灯笼.psd”“兔子.psd”“文字.psd”“月饼.psd”和“桌子.psd”5个文件，并分别把其中的图层复制到“中秋节贺卡.psd”文件中，图层排序如图3-28和图3-29所示。

图 3-27　新建图层组

图 3-28　“灯笼”和“文字”图层组

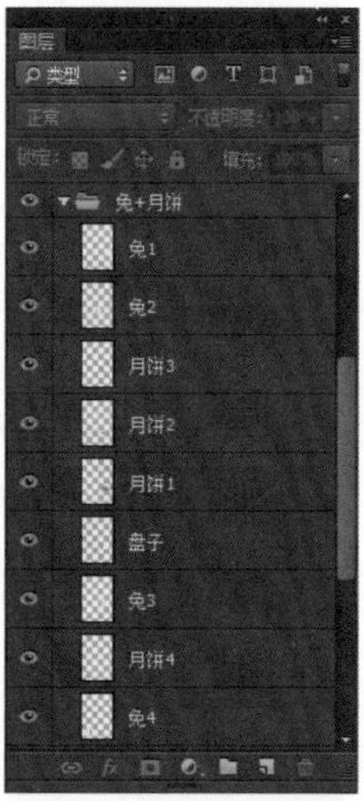

图 3-29　“兔＋月饼”图层组

小提示

为达到一定的效果，对“灯笼1”和“月饼3”图层分别进行了一次复制。所以图层窗口中多出了“灯笼2”和“月饼4”两个图层。

3. 调整图像位置

在“中秋节贺卡.psd”文件的图像窗口中调整各图像的位置，如图3-30所示。

图 3-30　调整各图像的位置

活动二　美化效果

1. 隐藏图层

隐藏“月亮”图层之前的所有图层，只显示“夜空”图层和“月亮”图层。

2.设置“月亮”图层的“外发光”效果

（1）选中“月亮”图层，选择【图层】→【图层样式】→【外发光】命令，打开“图层样式”对话框。

小提示

图层样式，是PS软件中使用频率很高的特效工具，它可以简单快捷地制作出各种立体投影、各种质感以及光景效果。绝大部分PS作品都会借图层样式来提升视觉效果。

小技巧

添加图层样式的3种常用方式：

◎通过【图层】→【图层样式】命令，再选择需要的样式命令，打开“图层样式”对话框；

◎单击图层控制面板下方的【图层样式】按钮 fx，在弹出的菜单中选择需要的样式命令，打开“图层样式”对话框。

◎双击图层名称后面的空白区域，也可打开“图层样式”对话框。

（2）在当前对话框中，设置混合模式为“滤色”，不透明度为“35%”，外发光颜色为“白色”（#ffffff），扩展为“16%”，大小为“150像素”，其他选项为默认值，如图3-31所示。效果如图3-32所示。

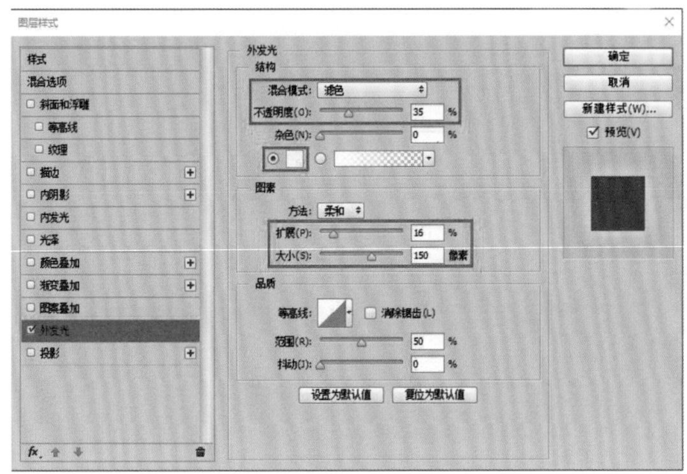

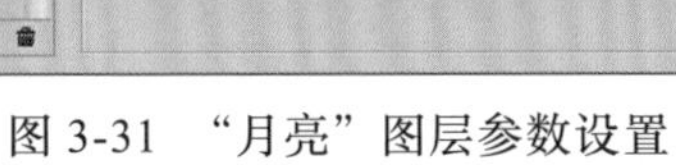

图 3-31　“月亮”图层参数设置

图 3-32　“月亮”图层效果

3. 设置“地”图层的“图案叠加”效果

（1）显示并选中“地”图层，选择【图层】→【图层样式】→【图案叠加】命令，打开“图层样式”对话框。

（2）在当前对话框中，设置混合模式为“正常”，图案为“图案2”菜单中的“板岩”，其他选项为默认值，如图3-33所示。效果如图3-34所示。

4. 设置“墙”图层的“斜面和浮雕”效果

（1）显示并选中“墙”图层，选择【图层】→【图层样式】→【斜面和浮雕】命令，打开“图层样式”对话框。

（2）在当前对话框中，设置样式为“内斜面”，大小为“7像素”，软化为“0像素”，角度为“60度”，高度为“16度”；在其“纹理”子对话框中，设置图案为“灰色花岗岩花纹纸”，其他选项为默认值，如图3-35和图3-36所示。效果如图3-37所示。

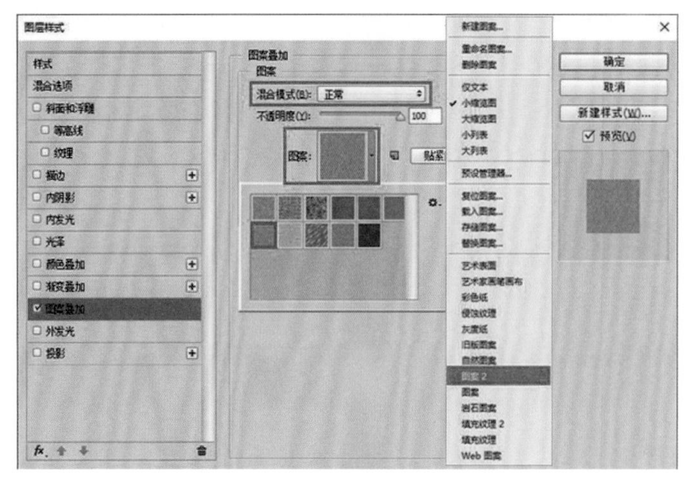

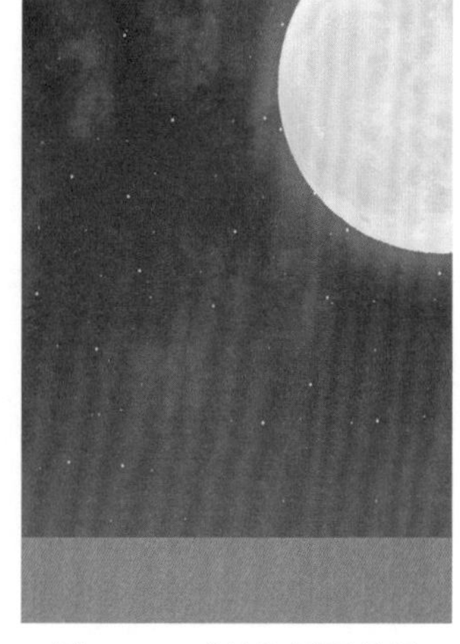

图 3-33　“地”图层参数设置　　　　图 3-34　“地”图层效果

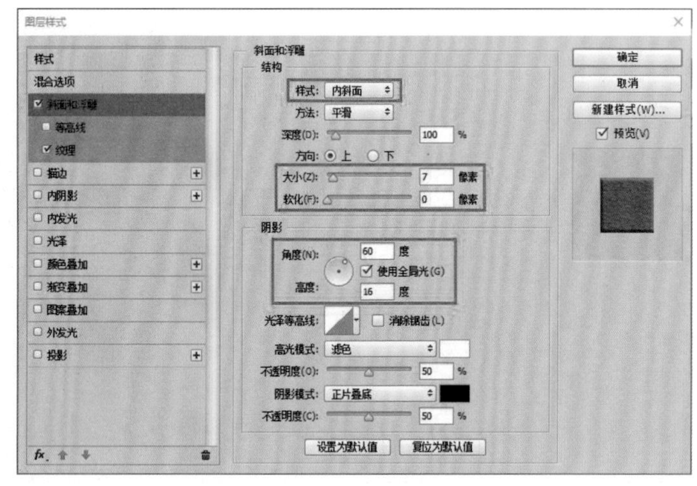

图 3-35　“墙”图层参数设置 1

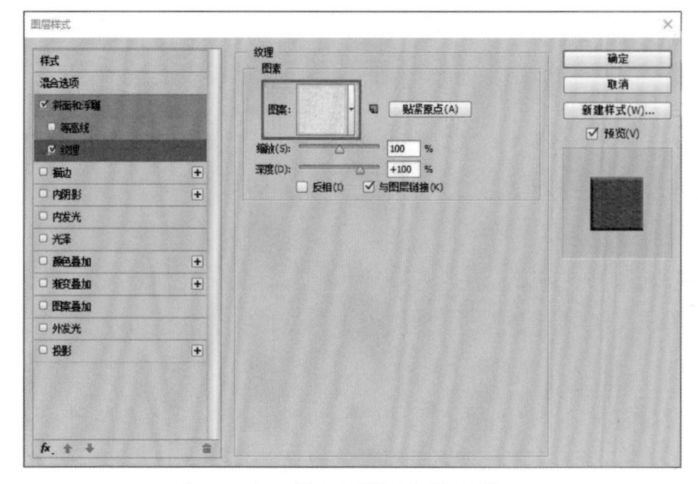

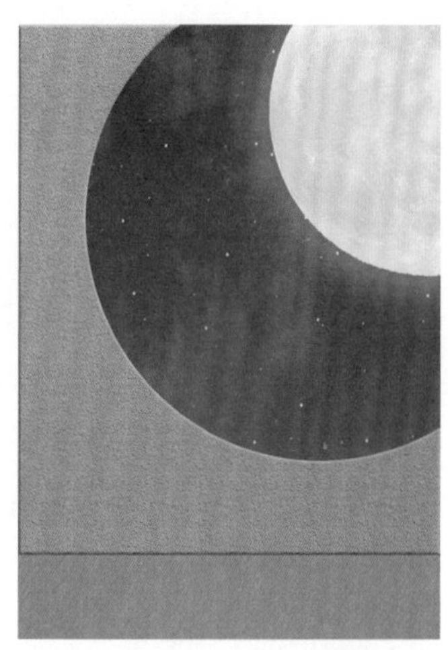

图 3-36　“墙”图层参数设置 2　　　　图 3-37　“墙”图层效果

小提示

在设置各参数值的过程中，可对各参数设置大小不同的值，并比较呈现的不同效果，这也是学习和认识图层样式的方法。

5. 设置“窗”图层的“斜面和浮雕”效果

（1）显示并选中“窗”图层，打开“图层样式”对话框。

（2）在“斜面和浮雕”对话框中，设置样式为“外斜面”，大小为“20像素”，其他选项为默认值，如图3-38所示。效果如图3-39所示。

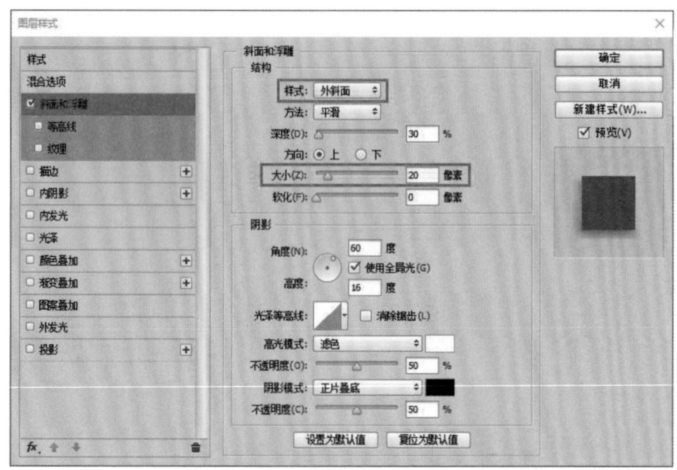

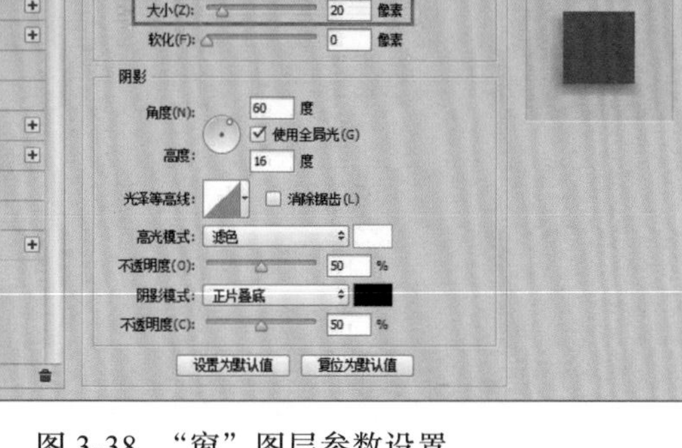

图 3-38　“窗”图层参数设置

图 3-39　“窗”图层效果

6. 设置“桌子”图层的“投影”效果

（1）显示并选中“桌子”图层，选择【图层】→【图层样式】→【投影】命令，打开“图层样式”对话框。

（2）在当前对话框中，设置混合模式为“正片叠底”，不透明度为“18%”，角度为“60度”，距离为“10像素”，扩展为“20%”，大小为“22像素”，其他选项为默认值，如图3-40所示。效果如图3-41所示。

（2）设置“外发光”效果，不透明度为“30%”，外发光颜色为“#ffffff”，扩展为“10%”，大小为“40像素”，其他选项为默认值，如图3-36所示。效果如图3-37所示。

7. 设置“盘子”图层的“投影”效果

显示并选中“盘子”图层，打开“图层样式”对话框，其参数设置与“桌子”图层的参数设置一样，如图3-42所示。效果如图3-43所示。

8. 设置“兔”和“月饼”图层的“斜面和浮雕”效果

（1）显示所有的“兔”和“月饼”图层，并依次选中“兔1”“兔2”“兔3”“兔4”和“月饼1”“月饼2”“月饼3”“月饼4”图层，进入它们的“斜面和浮雕”对话框。

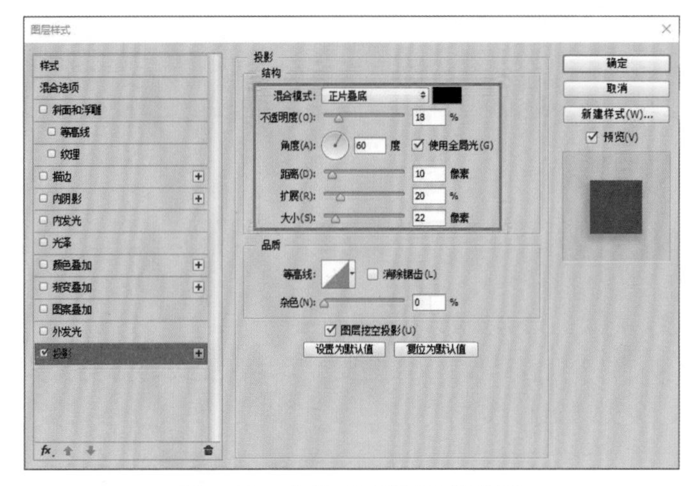

图 3-40　“桌子”图层参数设置

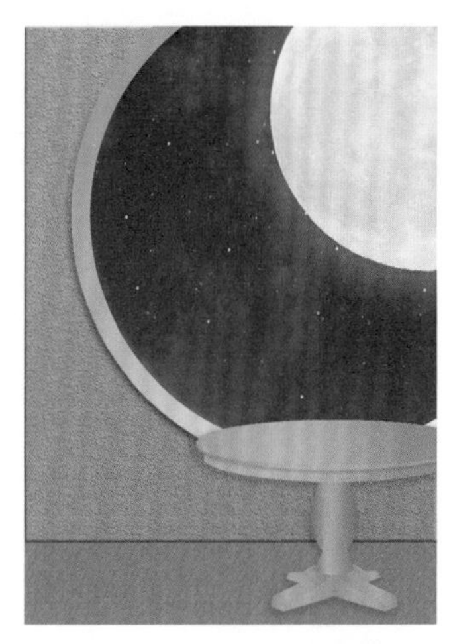

图 3-41　“桌子”图层效果

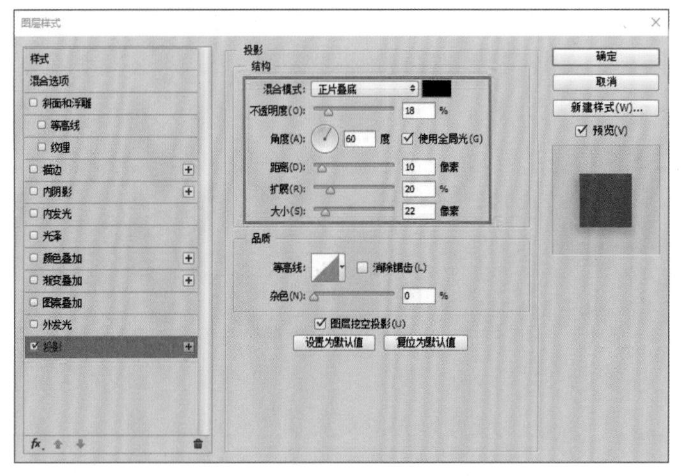

图 3-42　“盘子”图层参数设置

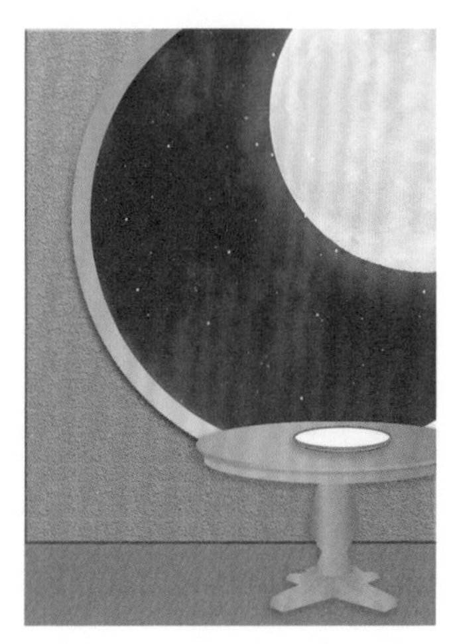

图 3-43　“盘子”图层效果

（2）所有的“兔”和“月饼”图层的参数设置均一样，设置样式为“浮雕效果”，深度为“30%”，大小为“20像素”，高光模式的不透明度为“20%”，阴影模式的不透明度为“35%”，其他选项为默认值，如图3-44所示。效果如图3-45所示。

9. 设置“中秋”图层的“内阴影”效果

（1）显示并选中“中秋”图层，选择【图层】→【图层样式】→【内阴影】命令，打开“图层样式”对话框。

（2）在当前对话框中，设置混合模式为“正常”，颜色为“黄色”（#ffda30），不透明度为“76%”，角度为“60度”，距离为“9像素”，阻塞为“0%”，大小为“5像素”，其他选项为默认值，如图3-46所示。效果如图3-47所示。

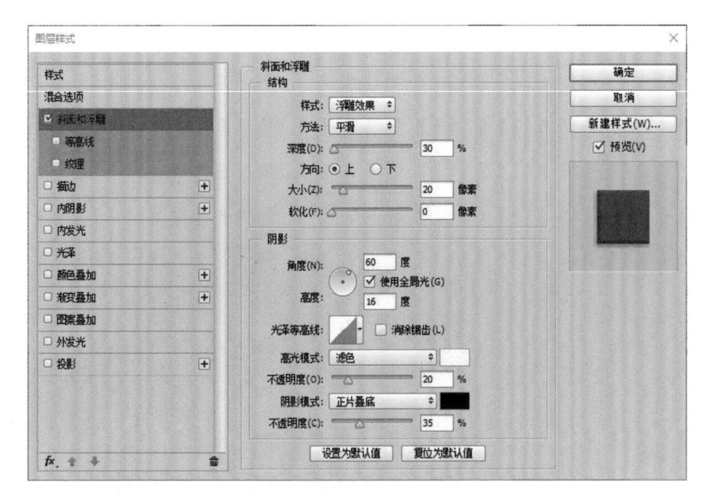

图 3-44　“兔”和“月饼”图层参数设置　　图 3-45　“兔”和“月饼”图层效果

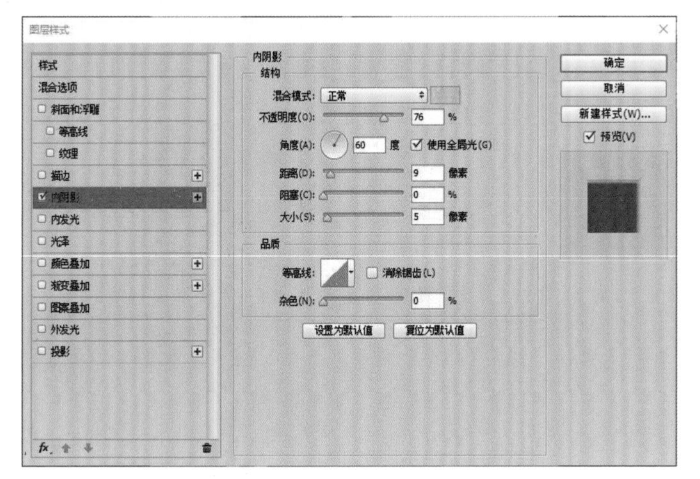

图 3-46　“中秋”图层参数设置　　图 3-47　“中秋”图层效果

10. 设置“快乐”图层的“外发光”效果

（1）显示并选中“快乐”图层，选择【图层】→【图层样式】→【外发光】命令，打开“图层样式”对话框。

（2）在当前对话框中，设置混合模式为“滤色”，不透明度为“35%”，方法为“柔和”，扩展为“0%”，大小为“7像素”，其他选项为默认值，如图3-48所示。效果如图3-49所示。

11. 设置“灯笼”图层的“外发光”效果

（1）显示两个“灯笼”图层，并分别对“灯笼1”和“灯笼2”图层设置“外发光”参数。

（2）两个“灯笼”图层的参数设置均一样，设置混合模式为“滤色”，不透明度为“35%”，外发光颜色为“黄色”（#ffcd33），扩展为“19%”，大小为“31像素”，其他选项为默认值，如图3-50所示。效果如图3-51所示。

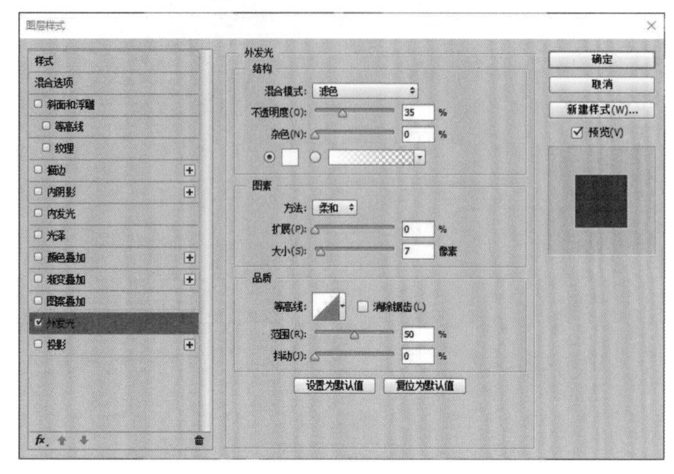

图 3-48　“快乐”图层参数设置

图 3-49　“快乐”图层效果

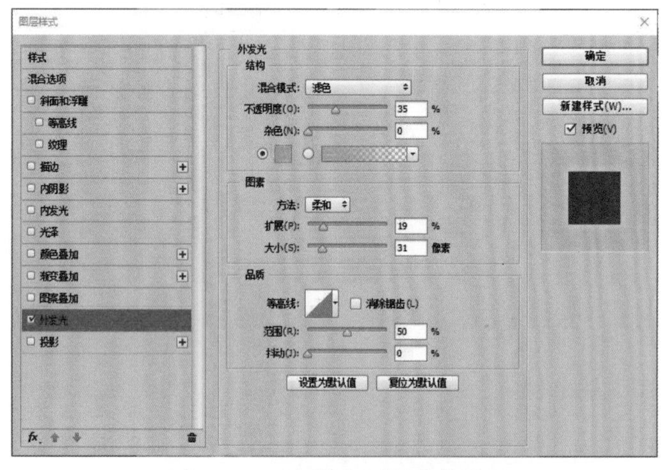

图 3-50　“灯笼”图层参数设置

图 3-51　“灯笼”图层效果

12. 设置“柳枝”图层的样式效果

显示并选中“柳枝”图层，设置“斜面和浮雕”效果，参数设置如图3-52所示。设置“内阴影”效果，参数设置如图3-53所示。

最终效果如图3-26所示。

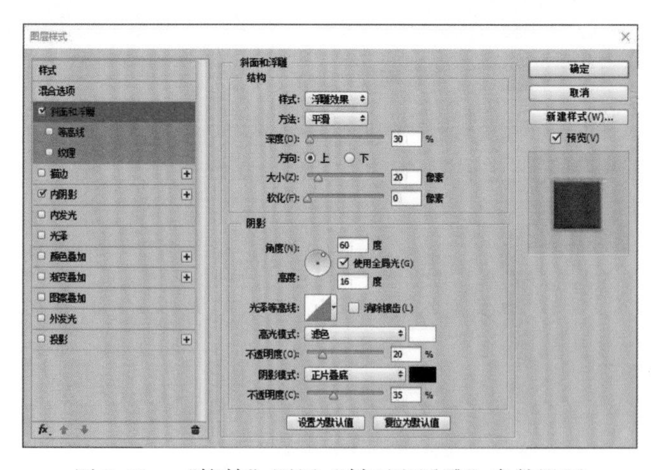

图 3-52　“柳枝”图层“斜面和浮雕”参数设置

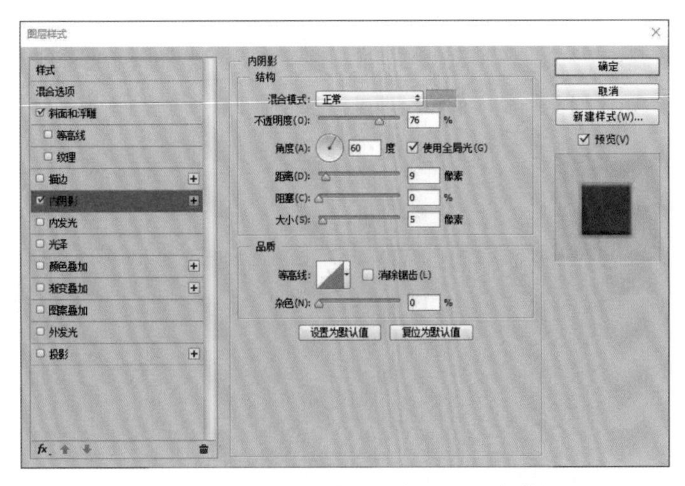

图 3-53　“柳枝”图层“内阴影”参数设置

13. 保存文档

选择【文件】→【存储】命令，保存文档。

知识窗

图层样式有10种不同的效果：

◎斜面和浮雕：为图层添加高亮显示和阴影的各种组合效果。

“斜面和浮雕”对话框样式参数解释如下：

外斜面：沿对象、文本或形状的外边缘创建三维斜面。

内斜面：沿对象、文本或形状的内边缘创建三维斜面。

浮雕效果：创建外斜面和内斜面的组合效果。

枕状浮雕：创建内斜面的反相效果，其中对象、文本或形状看起来下沉。

描边浮雕：只适用于描边对象，即在应用描边浮雕效果时才打开描边效果。

◎描边：使用颜色、渐变颜色或图案描绘当前图层上的对象、文本或形状的轮廓，对于边缘清晰的形状（如文本），这种效果尤其有用。

◎内阴影：将在对象、文本或形状的内边缘添加阴影，让图层产生一种凹陷外观，内阴影效果对文本对象效果更佳。

◎内发光：将从图层对象、文本或形状的边缘向内添加发光效果。

◎光泽：将对图层对象内部应用阴影，与对象的形状互相作用，通常创建规则波浪形状，产生光滑的磨光及金属效果。

◎颜色叠加：将在图层对象上叠加一种颜色，即用一层纯色填充到应用样式的对象上。“设置叠加颜色”选项可以通过“选取叠加颜色”对话框选择任意颜色。

◎渐变叠加：将在图层对象上叠加一种渐变颜色，即用一层渐变颜色填充到应用样式的对象上。通过“渐变编辑器”还可以选择使用其他的渐变颜色。

◎图案叠加：将在图层对象上叠加图案，即用一致的重复图案填充对象。从“图案拾色器”还可以选择其他的图案。

◎外发光：将从图层对象、文本或形状的边缘向外添加发光效果。设置参数可以让对象、文本或形状更精美。

◎投影：将为图层上的对象、文本或形状后面添加阴影效果。投影参数由“混合模式”“不透明度”“角度”“距离”“扩展”和“大小”等各种选项组成，通过对这些选项的设置可以得到需要的效果。

ZHISHICHUANG

◆ 案例小结

本案例完成了对“中秋节贺卡”的制作，主要学习了图层样式中“斜面和浮雕”“内阴影”“内发光”“图案叠加”“外发光”“投影”等效果的设置。其中需要注意以下3点：

（1）了解10种图层样式的特点和作用。

（2）理解各个图层样式中参数的意义。

（3）“斜面和浮雕”“描边”“内阴影”“外发光”“投影”等样式是最常用的图层样式，要多学习和运用。

◆ 拓展练习

利用“素材\单元三\西湖旅游海报\西湖.psd”文件夹中的文件，模仿图3-54制作西湖旅游海报。

图 3-54　海报效果图

案例三

NO.3

制作“中国风明信片”

◆ 案例分析

明信片是一种不用信封就可以直接投寄的载有信息的卡片，投寄时必须贴有邮票。其正面为信封的格式，反面具有信笺的作用。规格有165毫米×102毫米，148毫米×100毫米，125毫米×78毫米三种。本案例是以荷花为背景，通过制作一幅“中国风明信片”的正面，从而熟悉蒙版的基本运用。

完成本案例的学习后，你应能：

◇ 使用快速蒙版。

◇ 使用剪贴蒙版。

◆ 效果展示

图 3-55　“中国风明信片”效果

◆ 案例达成

活动一　添加素材

1. 新建文档

启动Photoshop CC，创建一个名称为“中国风明信片”、宽度为“10厘米”、高度为“14.8厘米”、分辨率为“300像素/英寸”、颜色模式为“CMYK”的空白文档，如图3-56所示。

2. 导入素材

（1）选择【文件】→【打开】命令，打开 “素材\单元三\中国风明信片\水墨荷花.jpg”文件，将“水墨荷花”图片拖拽到“中国风明信片”文件中，选择【编辑】→【自由变换】命令，调整图像大小，在图层面板调整其 “不透明度”，如图3-57所示。背景制作完成，效果如图3-58所示。

（2）选择【文件】→【打开】命令，打开“素材\单元三\中国风明信片\荷花.jpg”

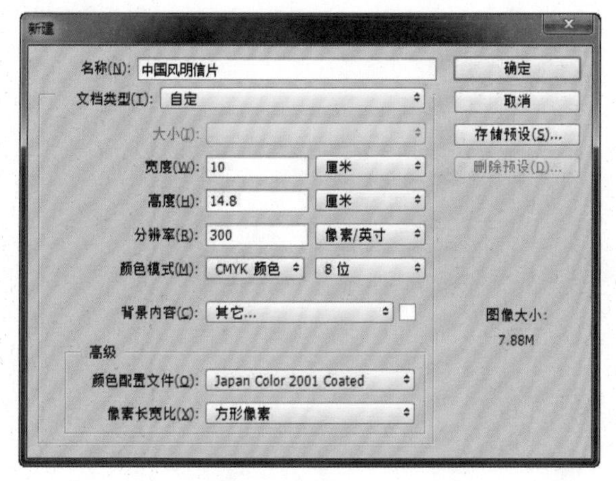

图 3-56　新建文件

图 3-57　新图层

文件，将“荷花”图片拖拽到“中国风明信片”文件中，选择【编辑】→【自由变换】命令，调整图像大小，效果如图3-59所示。

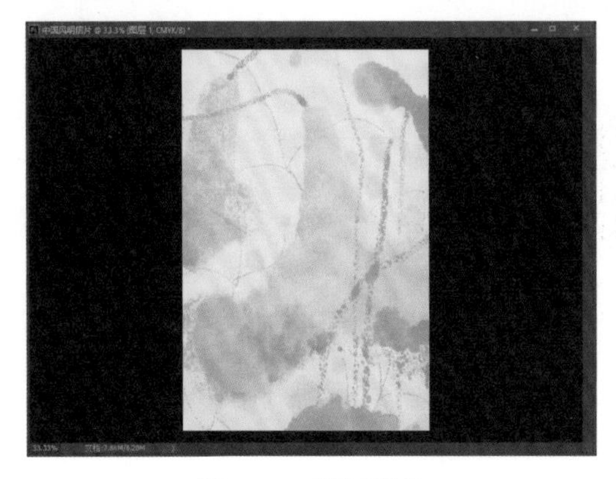

图 3-58　背景图片

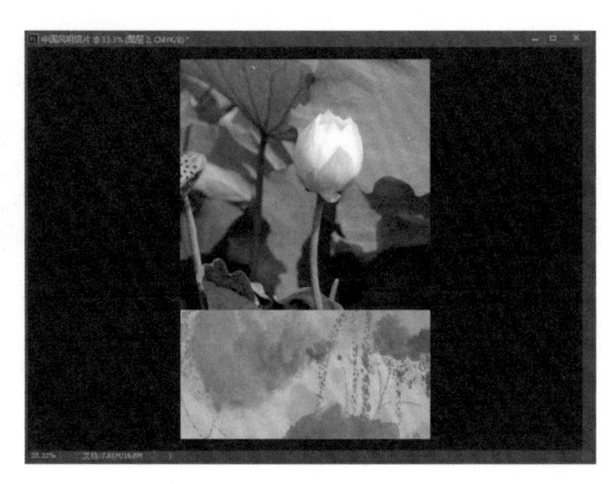

图 3-59　导入素材

活动二　蒙版抠图

（1）选择工具栏中的【快速蒙版】按钮 ，创建快速蒙版，此时图层面板的相应图层变为灰色，表示该图层处于快速蒙版编辑模式，如图3-60所示。

小提示

当选择【快速蒙版】按钮时，按钮会由 变为 ，图层面板的相应图层也变为灰色，如果需要取消操作，再按一次【快速蒙版】按钮即可。

（2）选择工具栏中的【画笔工具】，在画笔下拉菜单中设置参数，如图3-61所示。

图 3-60　创建快速蒙版

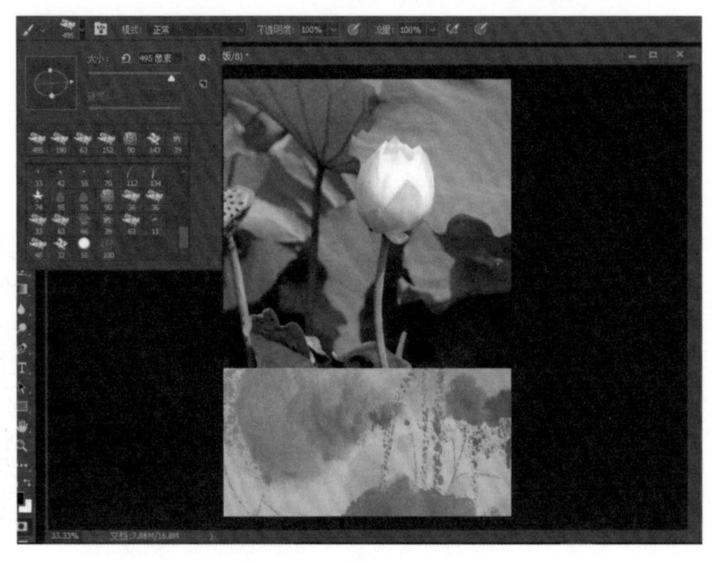

图 3-61　选择画笔工具

（3）用画笔在“荷花”图层上涂抹，如图3-62所示。

（4）选择工具栏中的【快速蒙版】按钮，转化成为选区，如图3-63所示。单击键盘上的【Delete】键，删除多余部分，保留荷花，效果如图3-64所示。

图 3-62　涂抹对象

图 3-63　转化选区

图 3-64　删除多余图像

小提示

【快速蒙版】编辑时被保护的部分会以红色显示，完成转换成为选区后，不被保护的部分被框选。

活动三　文字效果

（1）选择工具栏中的【文字工具】按钮，右击，选择【直排文字工具】，在工具选项栏中单击【切换字符和段落】按钮，调出“文字”面板，设置如图3-65所示。在文件中输入文字“曲池荷”，按快捷键【Ctrl+Enter】结束编辑，效果如图3-66所示。

（2）在“图层”面板中右击“文字层”，选择【栅格化文字】，将文字层转化为普通图层，如图3-67所示。

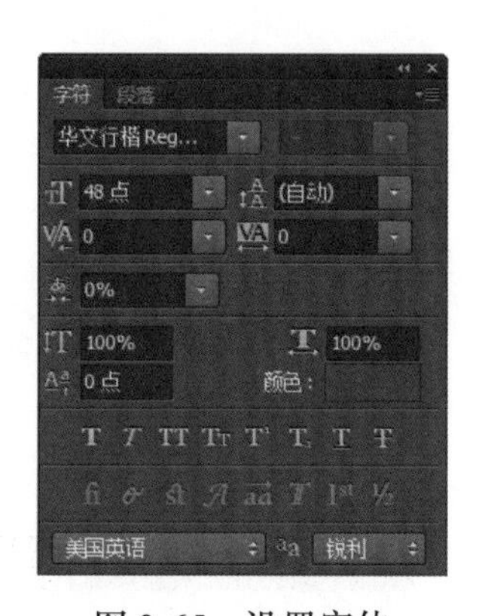

图 3-65　设置字体

图 3-66　字体效果

图 3-67　栅格化文字

（3）选择【文字工具】继续添加剩余的文字，调整好文字位置后，栅格化文字转换成为普通图层，将所有文字层合并成为一个图层，效果如图3-68所示。

（4）选择【文件】→【打开】命令，打开 “素材\单元三\中国风明信片\壁画.jpg” 文件，将图像拖拽到“中国风明信片”中，选择【编辑】→【自由变换】命令，使其覆盖在文字层上方，如图3-69所示。

图 3-68　输入诗文

图 3-69　导入素材

（5）选择【图层】→【创建剪贴蒙版】命令，创建剪贴蒙版，文字效果制作完成。

知识窗

剪切蒙版是一个可以用其形状遮盖其他图稿的对象，使用剪切蒙版，只能看到蒙版形状内的区域，从效果上来说，就是将图稿裁剪为蒙版的形状。【创建剪贴蒙版】的快捷键是【Ctrl+Alt+G】。

ZHISHICHUANG

◆ 案例小结

本案例完成了“中国风明信片”的制作，学习了快速蒙版的基本操作，可以快速地将任何选区作为蒙版进行编辑，而无须使用“通道”调板；剪切蒙版对图像进行剪裁时非常有用，它可以用其形状遮盖其他图稿的对象，同时又不会对原始图像进行修改。其中需要注意以下两点：

（1）创建快速蒙版和退出蒙版编辑的方法。

（2）创建剪切蒙版并运用到文字效果中。

◆ 拓展练习

打开“素材\单元三\购物海报”文件夹中的“剪影.jpg”“背景.jpg”“素材.jpg”文件，模仿图3-70制作购物海报的效果图。

图 3-70　购物海报

案例四

NO.4

制作“娃娃壁纸”

◆ 案例分析

随着计算机技术的发展，从黑白屏到彩屏，计算机的待机桌面不再由单一的颜色所组成，而是可以用一张图片来替换，这张图片被称为“计算机壁纸”。自己制作的壁纸可以让计算机看起来更漂亮，更有个性。计算机壁纸的尺寸有800×600像素、1 024×768像素、1 280×960像素、1 600×1 200像素、1 280×1 024 像素等。本案例是制作一幅“娃娃壁纸”，从而熟悉蒙版的基本运用。

完成本案例的学习后，你应能：

◈ 使用通道抠图。

◈ 使用图层蒙版。

◆ 效果展示

图 3-71　“娃娃壁纸”效果

◆ 案例达成

活动一　制作背景

1. 新建文档

启动Photoshop CC，创建一个名称为“娃娃壁纸”、宽度为“1 024像素”、高度为“768像素”、分辨率为“300像素/英寸”、颜色模式为“RGB”的空白文档，如图3-72所示。

2. 导入素材

选择【文件】→【打开】命令，打开 “素材\单元三\娃娃壁纸\背景.jpg”文件，并拖动到“娃娃壁纸”文件中，调整大小和位置，如图3-73所示。

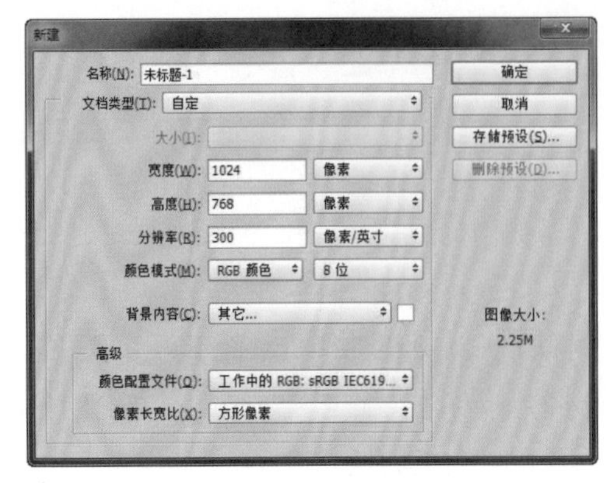

图 3-72　新建文档

图 3-73　导入背景素材

活动二　蒙版抠图

（1）选择【文件】→【打开】命令，打开“素材\单元三\娃娃壁纸\娃娃.jpg”文件。打开【通道面板】，选择里面黑白反差最大的一个通道，在这里选择蓝色通道，如图3-74所示。右击通道，选择【复制通道】，复制一个蓝色副本，如图3-75所示。

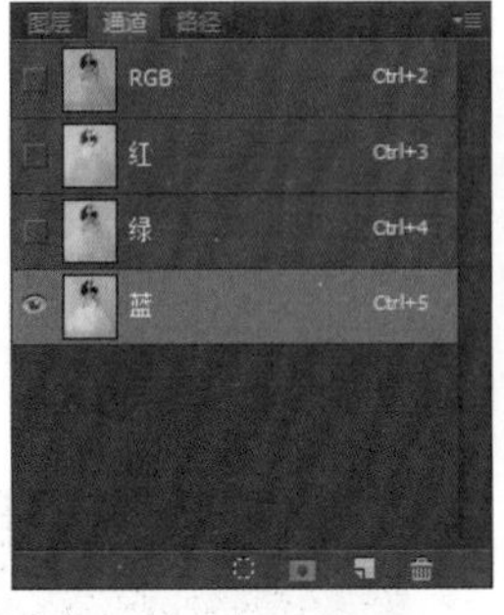

图 3-74　选择蓝色通道

图 3-75　复制蓝色通道

知识窗

（1）通道是PS的高级功能，它与图像内容、色彩和选区有关。

（2）PS提供了3种类型的通道：颜色通道、Alpha通道和专色通道。

◎颜色通道：就像是摄影胶片，记录了图像内容和颜色信息。图像的颜色模式不同，颜色通道的数量也不同。RGB图像有红、绿、蓝和一个复合通道，CMYK图像有青、洋红、黄、黑和一个复合通道，Lab图像有明度、a、b和一个复合通道等。

◎Alpha通道：有3种用途：一是用于保护选区；二是可以将选区储存为灰度图像，用画笔、加深、减淡工具以及各种滤镜，通过编辑Alpha通道来修改选区；三是可以从Alpha通道载入选区。在Alpha选区中，白色代表被选择的区域，黑色代表不被选择的区域，灰色代表羽化区域，即部分被选区域。在Alpha通道中涂抹白色可以扩大选区，涂抹黑色可以缩小选区，涂抹灰色可以增加羽化范围。单击通道面板下方的【创建新通道】按钮，可以创建一个Alpha通道。

◎专色通道：用来储存印刷用的专用色，如金银色油墨、荧光油墨等。专色通道以专色的名称来命名。

ZHISHICHUANG

（2）选择【图像】→【调整】→【反向】命令，效果如图3-76所示。选择【图像】→【调整】→【色阶】命令，调整游标上的参数，如图3-77所示。调整后黑白反差更大，如图3-78所示。

图 3-76　反向效果

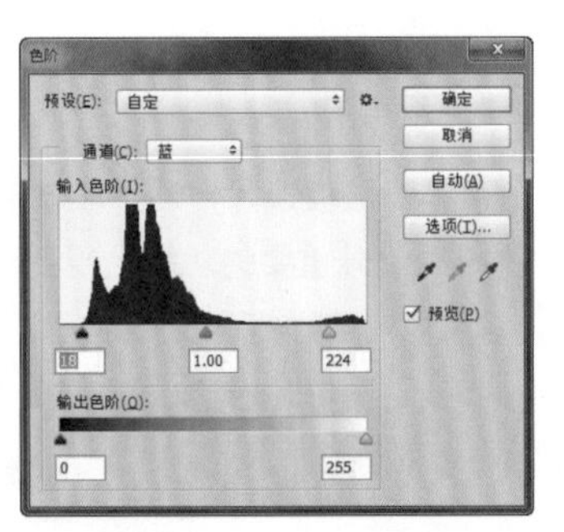

图 3-77　调整色阶

图 3-78　调整后效果

（3）选择工具栏中的【套索工具】，结合里面的3种套索，选出头发边缘部分，如图3-79所示。调出【色阶】命令，头发和背景的差别处理得更明显，如图3-80所示。

（4）将娃娃身体部分全部填充成为白色，如图3-81所示。调整色阶，效果如图3-82所示。

图 3-79　选定头发边缘

图 3-80　调整色阶

图 3-81　用白色填充娃娃

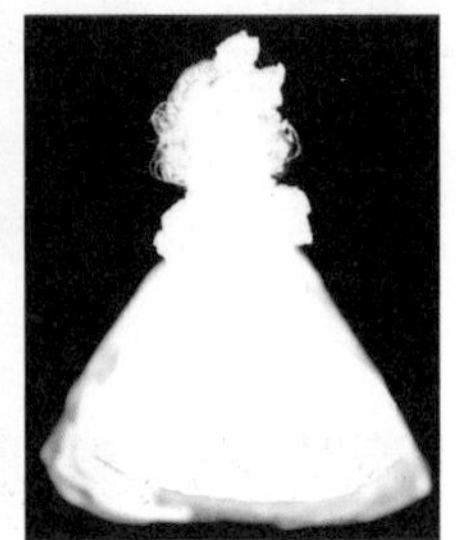

图 3-82　将背景调整成黑色

（5）单击通道面板下方的 按钮，将通道作为选区载入，显示出白色部分的选框。单击【通道面板】的RGB层，娃娃图像上显示出相应选区，如图3-83所示。

（6）在形成的选区中右击，选择【通过拷贝的图层】，将选区的娃娃复制一层，如图3-84所示。选择工具栏中的【移动工具】，将复制的娃娃移动到“娃娃壁纸”文件中，调整其位置和大小，如图3-85所示。

图 3-83　将通道转化成选区

图 3-84　将娃娃复制一层

图 3-85　调整位置

活动三　制作倒影

（1）将娃娃图像层复制一层，如图3-86所示。自由变换形成倒影，如图3-87所示。

（2）单击【图层面板】下方的【添加图层蒙版】按钮 ，添加图层蒙版，如图3-88所示。

知识窗

图层蒙版是在当前图层上面覆盖一层玻璃片，这种玻璃片有透明的、半透明的、完全不透明的，图层蒙版是Photoshop中一项十分重要的功能。用各种绘图工具在蒙版上（即玻璃片上）涂色（只能涂黑白灰色），涂黑色的地方使蒙版变为完全不透明的，看不见当前图层的图像；涂白色则使涂色部分变为透明的，可看到当前图层上的图像；涂灰色的地方使蒙版变为半透明，透明的程度由涂色的灰度深浅决定。

ZHISHICHUANG

图 3-86　复制娃娃层

图 3-87　自由变换形成倒影

图 3-88　添加图层蒙版

图 3-89　填充黑白渐变

（3）选择工具栏中的【渐变工具】按钮，在倒影上拉一个黑色到白色的渐变，如图3-89所示。调整不透明度，倒影效果完成，如图3-71所示。

◆ 案例小结

本案例完成了“娃娃壁纸”的制作，主要学习了通道抠图的基本方法，通过通道抠图的方法简单快速完成细节复杂的图像。同时，了解了图层蒙版的基本操作，图层蒙版就像是在当前图层上面覆盖一层玻璃片，这种玻璃片有透明的、半透明的、完全不透明的。其中需要注意以下3点：

（1）利用通道结合蒙版抠出细致图像。

（2）创建图层蒙版和退出蒙版编辑的方法。

（3）利用图层蒙版制作倒影。

◆ 拓展练习

打开“素材\单元三\宠物海报”文件夹中的“背景.jpg”“波点素材.jpg”“狗1.jpg”“狗2.jpg”“猫1.jpg”“猫2.jpg”文件，模仿图3-90制作宠物海报的效果图。

图 3-90　宠物海报

单元四
文字、路径与矢量工具

在各类设计作品中，只有图像往往不能完全表达其内在含义，需要添加文字。文字不但能起到说明的作用，还能让整个图像更加丰富，更好地传达画面的真实意图。在各类设计作品中，文字是不可缺少的元素，可作为题目、说明和装饰。

路径工具是Photoshop软件里的编辑矢量图形的工具，对矢量图形放大和缩小，不会产生失真现象。钢笔工具是用来创造路径的工具，创造路径后，还可再编辑。钢笔工具属于矢量绘图工具，其优点是可以勾画平滑的曲线，在缩放或者变形之后仍能保持平滑效果。

案例一

NO.1

制作“矢量蘑菇”

◆ 案例分析

本案例以蘑菇为创作设计元素，根据蘑菇独特的外形和生长环境，绘制一个矢量蘑菇，并利用【路径工具】【画笔工具】等营造出充满生机的可爱的蘑菇造型。在绘制 “矢量蘑菇”的过程中，让学生熟练运用【钢笔工具】的属性和功能，掌握路径的含义，学会控制【钢笔工具】的操作杆、画面布局、颜色搭配等。

完成本案例的学习后，你应能：

- 运用【钢笔工具】绘制理想形状。
- 掌握路径转换的方法。
- 学会基本的美术技巧。

◆ 效果展示

图 4-1 “矢量蘑菇”效果

◆ 案例达成

活动一 绘制大蘑菇

1. 新建文档

启动Photoshop CC，创建一个名称为“矢量蘑菇”、宽度为“30厘米”、高度为“30厘米”、分辨率为“300像素/英寸”、颜色模式为“RGB颜色”的空白文档。

2. 绘制蘑菇菌盖

（1）在【图层】面板中新建图层，重命名该图层为“蘑菇菌盖”，如图4-2所示。

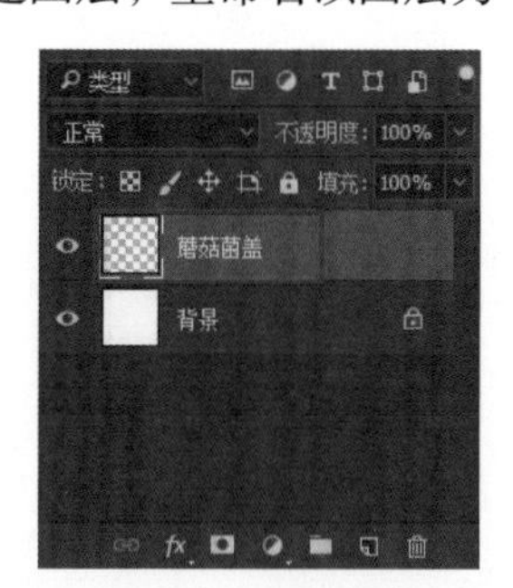

图 4-2 新建“蘑菇菌盖”图层

（2）选择该图层，在工具栏中选择【钢笔工具】，如图4-3所示。在图像窗口中，绘制如图4-4所示的闭合三角形。

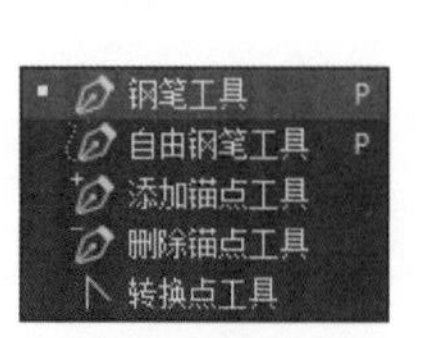

图 4-3 钢笔工具

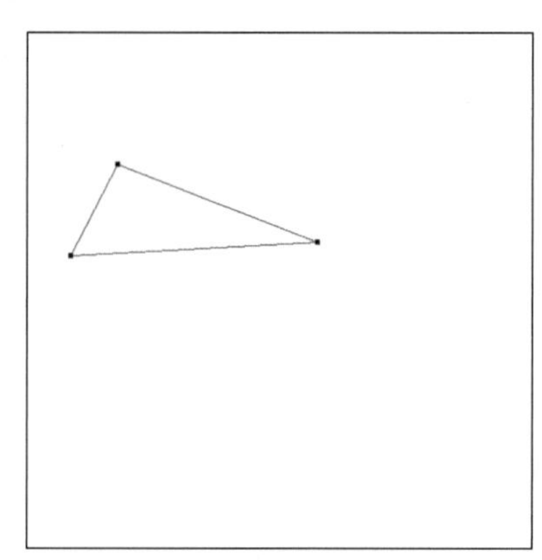

图 4-4 绘制闭合三角形

（3）选择工具栏中的【转换点工具】，如图4-5所示，调整控制线和控制点，如图4-6所示。

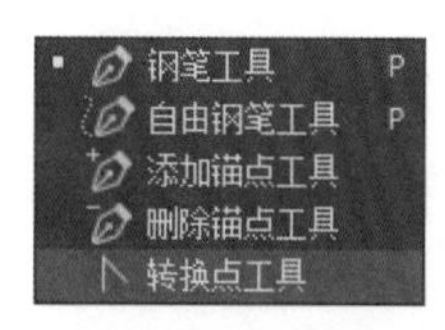

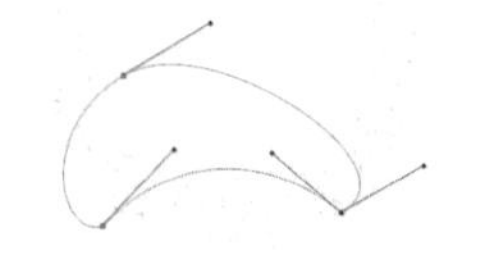

图 4-5 工具箱中【转换点工具】 图 4-6 调整控制线和控制点

小技巧

【转换点工具】的运用：

①控制线的角度会根据鼠标的360° 拉扯有所变化，可以统一拉扯，也可以分为两个控制线拉扯，这时会形成一个角点。

②没有捷径，只能在实践中学会控制它，并能用它制作出自己满意的形状。

控制线
控制点

3. 菌盖配色

（1）在【路径】面板中，单击【将路径作为选取载入】按钮，如图4-7所示，将路径转换为选区，并填充颜色（#fffdc7），如图4-8所示。

图 4-7 转换选区

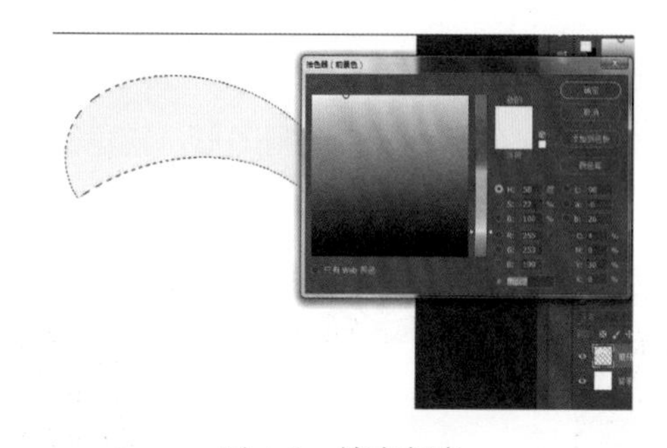

图 4-8 填充颜色

（2）在“蘑菇菌盖”图层上新建“蘑菇菌盖花纹”图层，并在上面填充红色（#ff0006）到白色（#ffffff）的径向渐变，如图4-9所示。

知识窗

物体在光的作用下，都会有明暗的变化。这是美术基本知识中的素描关系，也是学习绘画的基础。这里的蘑菇是假设在阳光下的物体，它也应该有明暗关系，这样的画面会更生动具体，更有层次和设计感。

基本的素描关系为“三大面五调子”。 三大面，即黑、白、灰，是概括地表现画面整体明暗节奏和立体感的方法；五调子，是指亮面、灰面（中间调子）、明暗交界线、反光面和投影。

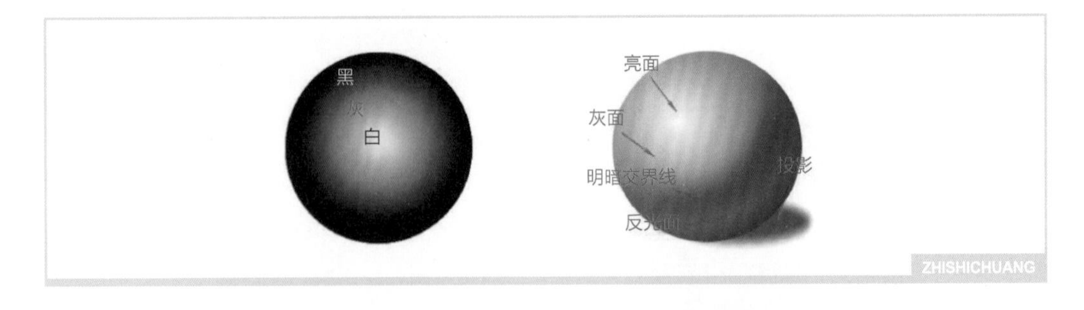

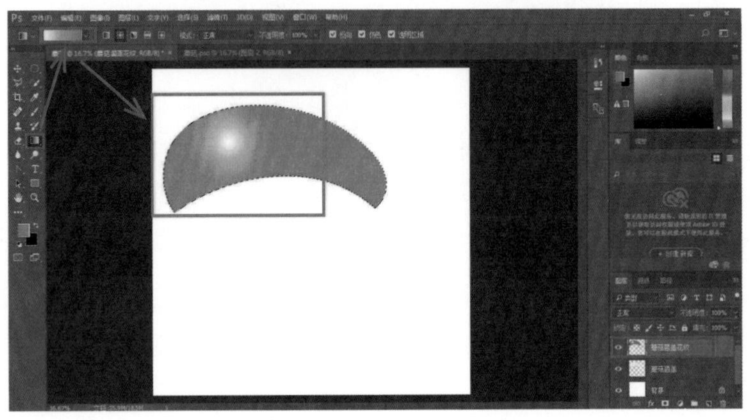

图 4-9　填充球形渐变

（3）在“蘑菇菌盖”图层上绘制圆形选框，按【Delete】键删除选区内的红色，以此类推，最终效果如图4-10所示。

4. 绘制蘑菇菌盖底部

（1）菌盖底部是一个不规则图形。新建图层，利用【钢笔工具】仔细绘制出底部形状，注意它与菌盖之间的空隙，转换并为其填充颜色（#b13738），如图4-11所示。

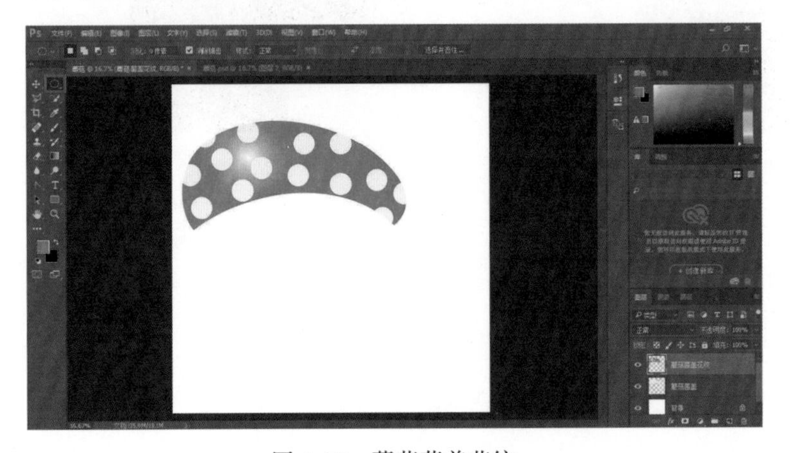

图 4-10　蘑菇菌盖花纹

图 4-11　填色后的蘑菇菌盖底部

（2）给菌盖底部加上条形纹路。在菌盖底部，找到沿边的两点，用【钢笔工具】画出直线，调整【钢笔工具】到【转换点工具】，拉动一边的控制手柄，让线条成曲线状。单击工具栏上的【画笔工具】，在画笔面板中设置画笔的大小和硬度，如图4-12所示。在路径面板中按下【用画笔描边路径】按钮，完成给路径描边的工作，如图4-13所示。

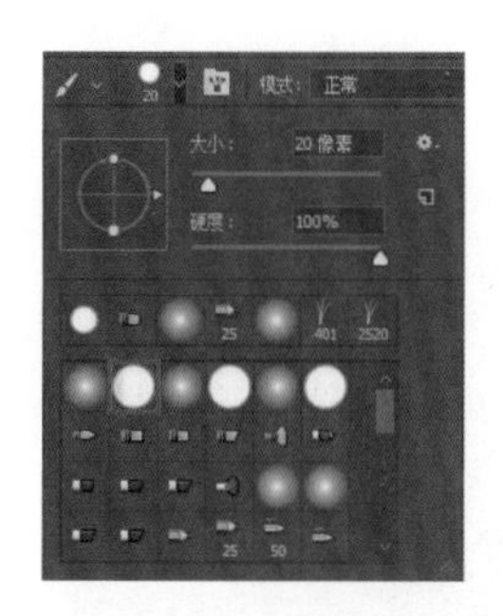

图 4-12　画笔面板

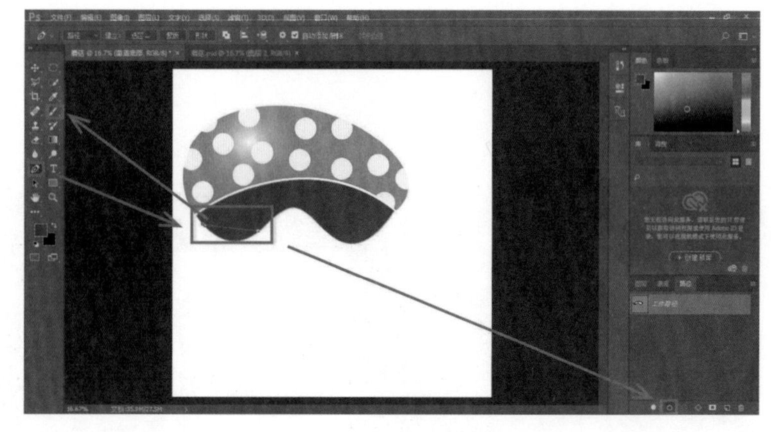

图 4-13　画笔描边路径

（3）蘑菇菌盖完成效果如图4-14所示。

5. 绘制蘑菇菌柄

（1）新建蘑菇菌柄图层，用【钢笔工具】绘制形状如图4-15—图4-17所示路径。

微　课

图 4-14　蘑菇菌盖完成效果图

图 4-15　大形勾勒

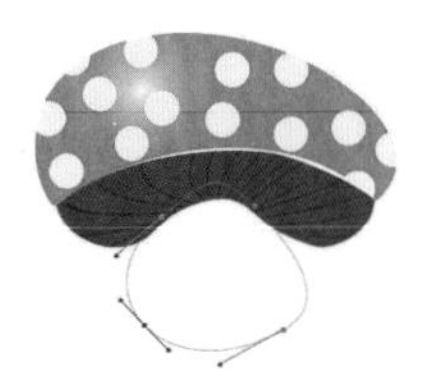

图 4-16　控制杆调整

图 4-17　转换选区

（2）新建“蘑菇菌柄受光面”和“蘑菇菌柄背光面”两个图层，如图4-18所示。

（3）用【椭圆选区工具】（加减选区的方式）先画出主菌柄，按住“Alt”键，重叠在上面画出另一个圆，剩下的部分就是背光面的菌柄部分。如图4-19所示，用【油漆桶工具】分别填充暗部（#cb604f）和亮部（#ea8871）的颜色。

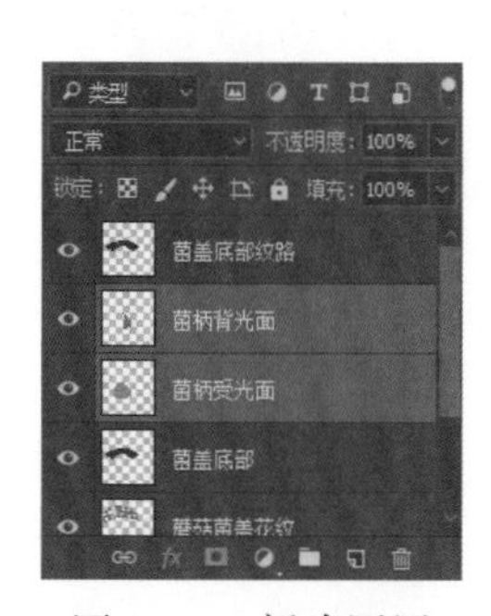

图 4-18　新建图层

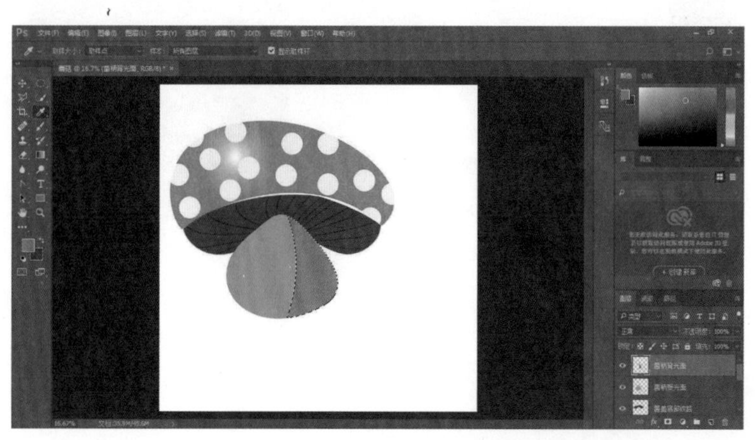

图 4-19　填充颜色

6. 制作小蘑菇

（1）小蘑菇可以沿用大蘑菇的形状，只需要修改它的颜色。全选大蘑菇的所有图层，用快捷键【Ctrl+J】复制所有图层，用快捷键【Ctrl+E】合并图层，重命名为“小蘑菇”，图层如图4-20所示。

（2）先调整“小蘑菇”的大小，再调整大蘑菇和小蘑菇的位置，效果如图4-21所示。

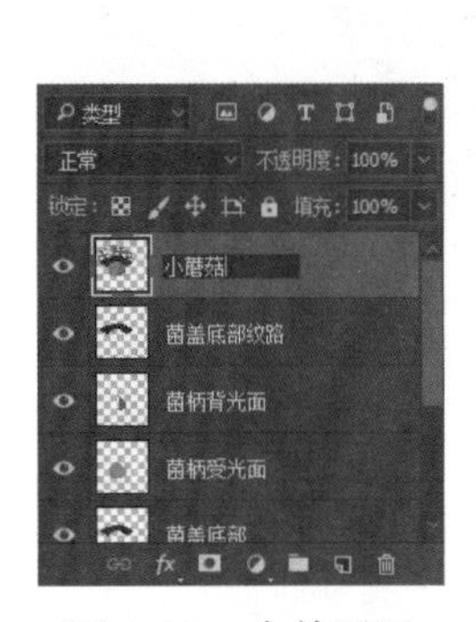

图 4-20　合并图层并重命名

图 4-21　调整蘑菇大小

（3）选择【图像】→【调整】→【色相/饱和度】调整小蘑菇的颜色，让它与大蘑菇的整体颜色有所变化，具体参数可以自定。本案例中的小蘑菇是以黄色调（#f5e347）为主，如图4 -22所示。

（4）修改颜色后的大小蘑菇如图4-23所示。

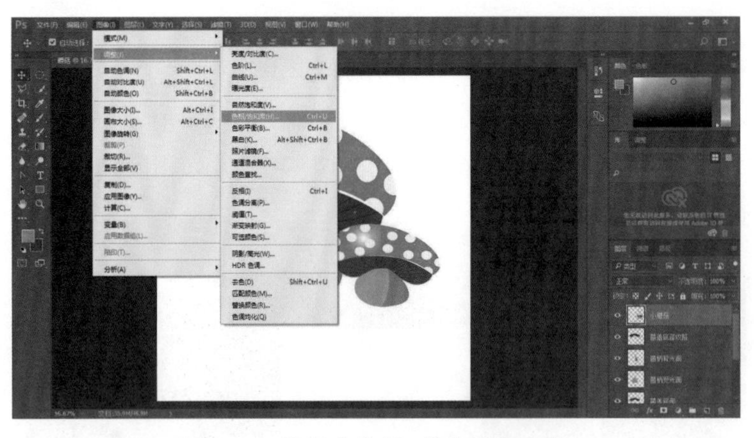

图 4-22　选择【色相 / 饱和度】命令

图 4-23　蘑菇效果图

活动二　美化效果

1. 绘制小草

（1）新建“小草”图层，调整前/背景色分别为#55d741和#3fa935。

（2）选择【画笔】→【134号】小草画笔，像素为“900 px”，按照图4-24所示，分别对“画笔”对话框中的“形状动态”“散布”“颜色动态”标签进行设置。

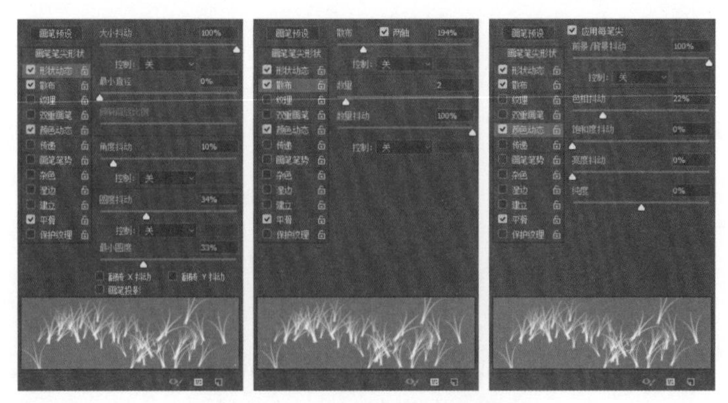

图 4-24　小草的属性调整值

（3）在“蘑菇”旁边绘制小草，如图4-25所示。

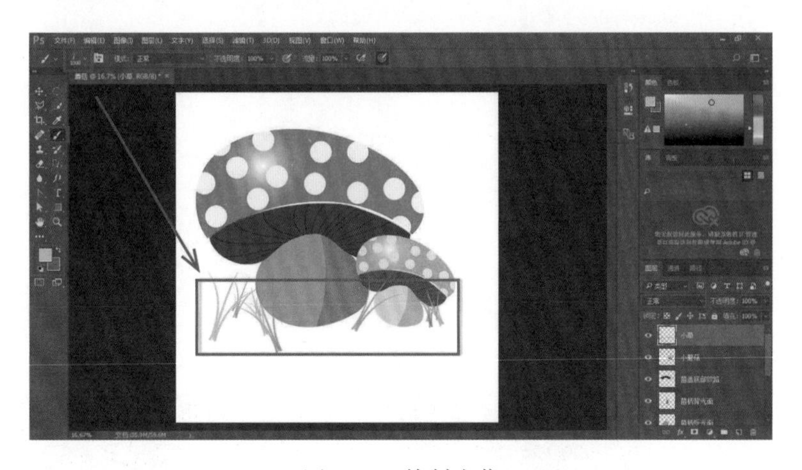

图 4-25　绘制小草

2. 制作鹅卵石

（1）在【图层】面板中，新建“石头”图层，运用【钢笔工具】绘制出鹅卵石的外形，大致形状如图4-26所示。

（2）填充颜色（#767673），如图4-27所示。

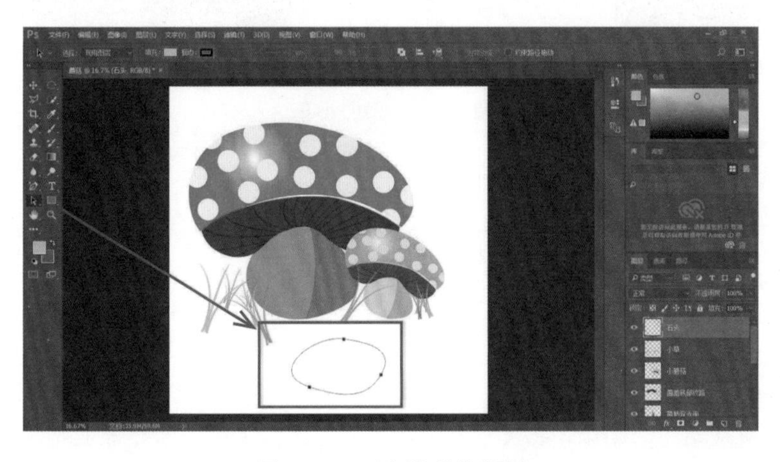

图 4-26　石头的形状绘制

图 4-27　石头的填色

（3）选择【滤镜】→【杂色】→【添加杂色】命令，打开“添加杂色”对话框，如图4-28所示，进行参数设置。

（4）选择【滤镜】→【模糊】→【高斯模糊】命令，打开“高斯模糊”对话框，如图4-29所示，进行参数设置。

（5）如之前给蘑菇做的背光面一样，也要给石头做出暗面。新建“石头暗部”图层，给暗部选取填充颜色（#514f4f），如图4-30所示。

图 4-28 “添加杂色”对话框

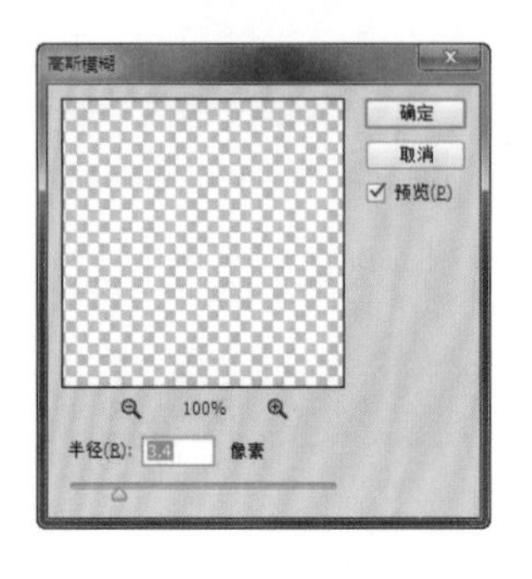

图 4-29 “高斯模糊”对话框

图 4-30 石头的背光面

（6）设置图层的混合模式为“柔光”，如图4-31所示。

（7）绘制小草在石头的前面，让画面看起来有近有远，虚实结合，更加真实，如图4-32所示。

图 4-31 “柔光”图层

图 4-32 添加小草

（8）调整画面，并给画面描边。最后效果如图4-1所示。

3. 保存文档

选择【文件】→【存储】命令，以“矢量蘑菇”为名保存文档。

◆ 案例小结

本案例完成了“矢量蘑菇”的制作，主要学习了在【钢笔工具】中如何熟练地操作控制点和控制线、转换选区等。其中需要注意以下3点：

（1）【钢笔工具】绘制出的控制点和线一定要慢慢调整到合适的位置。

（2）路径中的【转换选区】按钮可以重复使用，如果不是自己要的效果，可以多次转换，多次调整。

（3）为了使画面更加丰富和真实，可以利用滤镜的效果进行修饰，但不能喧宾夺主，适量即可。

◆ 拓展训练

利用【钢笔工具】绘制如图4-33所示的“七星瓢虫”，七星瓢虫的翅膀形状、脸部形状的部分都需要【钢笔工具】仔细勾勒和调整，其中用【画笔工具】描边勾勒出触角和腿的弯曲线条。

图 4-33 七星瓢虫

案例二

NO.2

制作“咖啡吧门贴海报”

◆ 案例分析

招贴海报，运用预设路径绘制矢量图案，可以熟练路径的运用，加上与【文字工具】的结合，可以更加全面地掌握路径的操作要领。本案例是以咖啡吧门贴宣传海报为主题，制作一张“咖啡吧门贴海报”。

完成本案例的学习后，你应能：

◇ 掌握“路径预设图形”设计。

◇ 掌握路径与【文字工具】相结合的运用。

◇ 设置“投影”图层样式。

◇ 掌握10种图层样式的作用。

◆ 效果展示

图 4-34　“咖啡吧门贴海报”效果

◆ 案例达成

活动一　咖啡杯外形的设计

1. 新建文档

启动Photoshop CC，新建文档， 参数如图4-35所示。

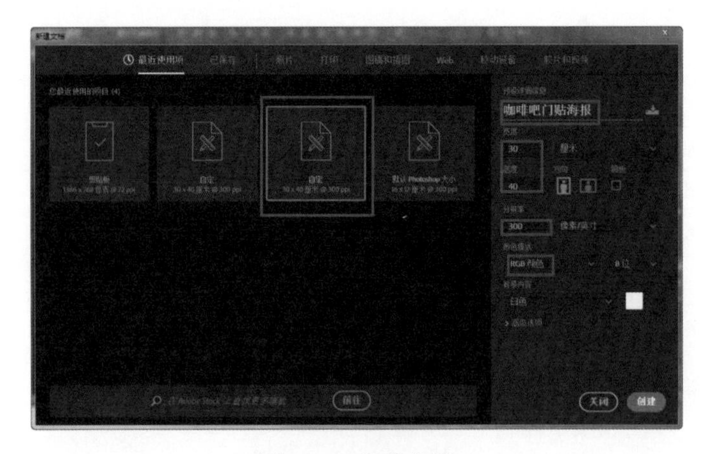

图 4-35　新建文档

2. 设计咖啡杯杯口

（1）长按工具栏上的【形状工具】，选择【椭圆工具】命令，如图4-36所示。在属性栏中选择路径，如图4-37所示。

（2）新建“咖啡杯口”图层，绘制杯口的椭圆路径，如图4-38所示。这是一个俯视下的咖啡杯，因为透视的关系，杯口幅度要比杯底幅度小，在设计时要注意，之后可以进行调整。

（3）选择【文字工具】中的【横排文字工具】，如图4-39所示。当光标停留在图形的路径上时，输入需要的文字“coffee，cafe，chocolate，coco，mocha，cappuccino，ice tea，dream”，如图4-40所示。

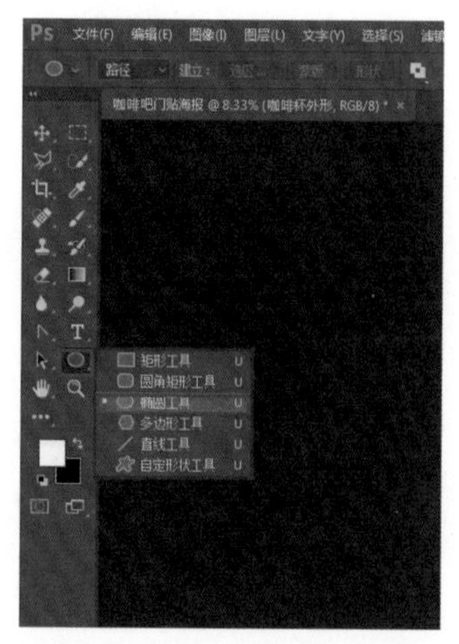

图 4-36　选择“椭圆工具”

图 4-37　选择属性栏中的路径

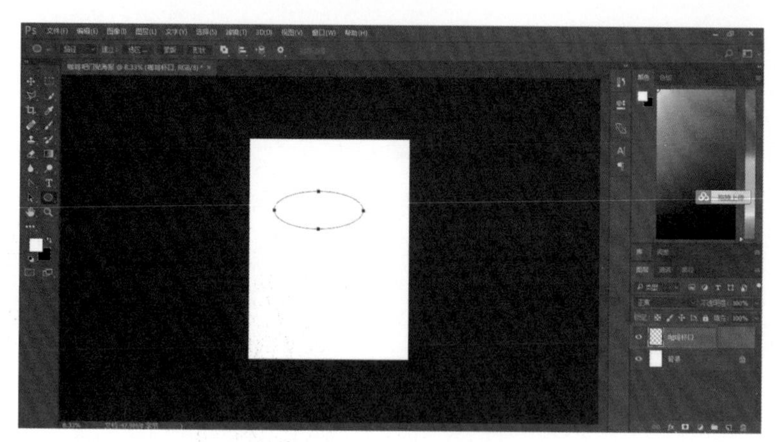

图 4-38　利用“路径”绘制杯口

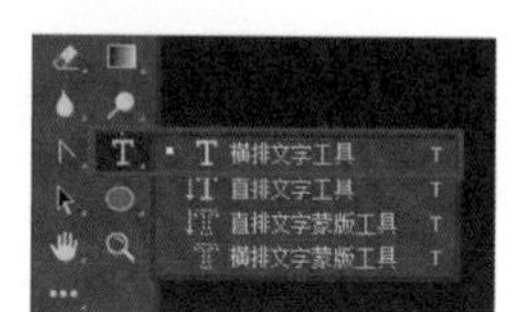

图 4-39　打开横排文字功能工具

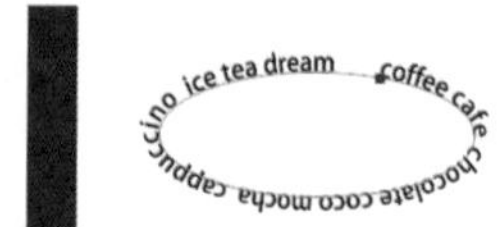

图 4-40　在路径图形中输入文字

（4）用快捷键【Ctrl+A】全选文字，调整文字字号为“36点”，字体为“Adobe 黑体Std”，颜色为“#be07fa”，如图4-41所示。

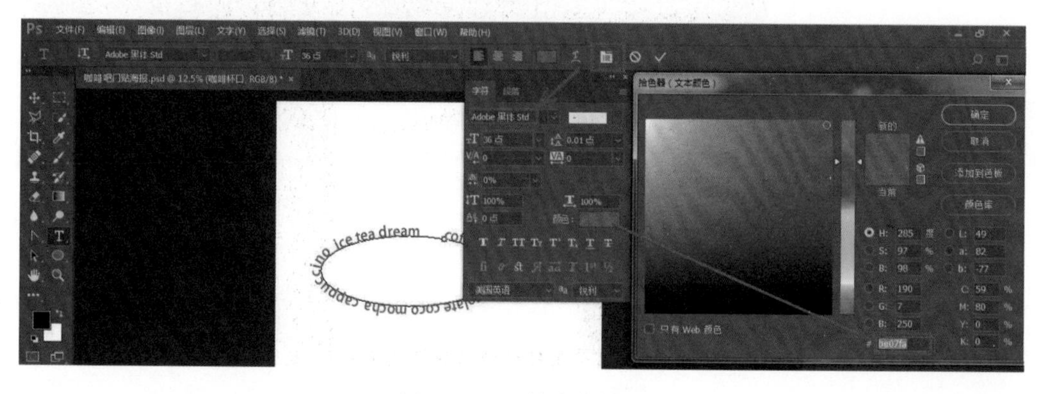

图 4-41　调整字体效果

（5）用快捷键【Ctrl+J】复制“咖啡杯口”图层，重命名该图层为“咖啡杯口2”，如图4-42所示。

（6）将“咖啡杯口2”图层的文字向左向下移动一点，如图4-43所示。再进行垂直翻转，如图4-44所示。

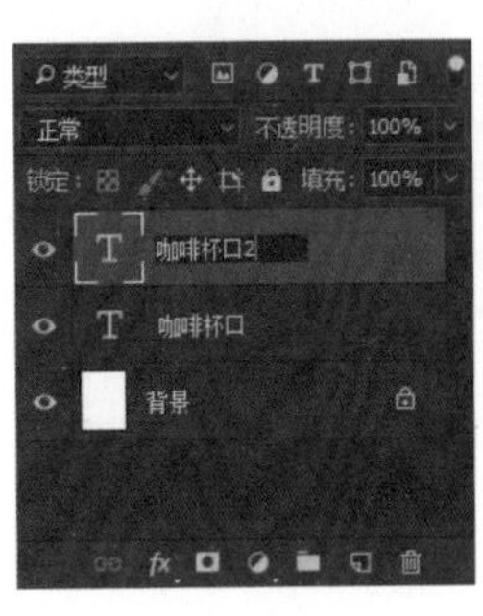

图 4-42　重命名图层

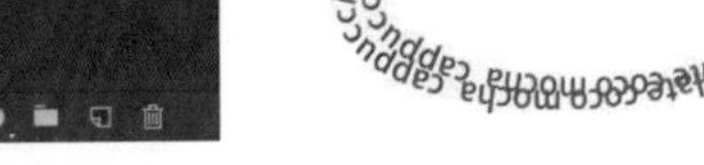

图 4-43　调整位置

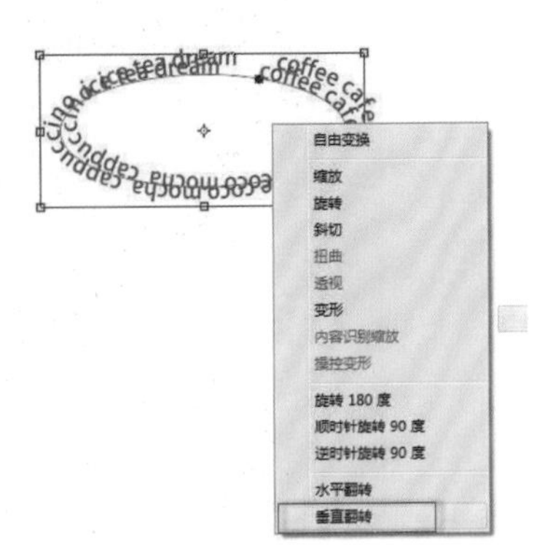

图 4-44　选中图层并垂直翻转

（7）选中该图层全部文字，设置字体为“加粗”，颜色设置为“#2da4ff”，效果如图4-45所示。

3. 设计咖啡杯杯身

（1）咖啡杯杯身设计分为两个部分：一部分是杯口到杯身图案的过渡线条设计；另一部分是杯身的花纹设计。第一部分的设计与咖啡杯的透视关系有很大的关系。

（2）第一部分设计与杯口的设计方式一样，新建“过渡图案”图层，在咖啡杯口之下绘制幅度不一样的椭圆，添加文字“welcome to my coffee bar”，设置文号为“30”，字体为“Adobe 黑体 Std”，颜色为“#2ca3ff ”，如图4-46所示。

（3）添加第二条过渡图案。添加文字“welcome to my secretcoffee bar thank you very much”，设置文号为“24”，字体为“Adobe 黑体 Std”，颜色为“#86c6eb”，如图4-47所示。

图 4-45　咖啡杯杯口效果图

图 4-46　绘制椭圆

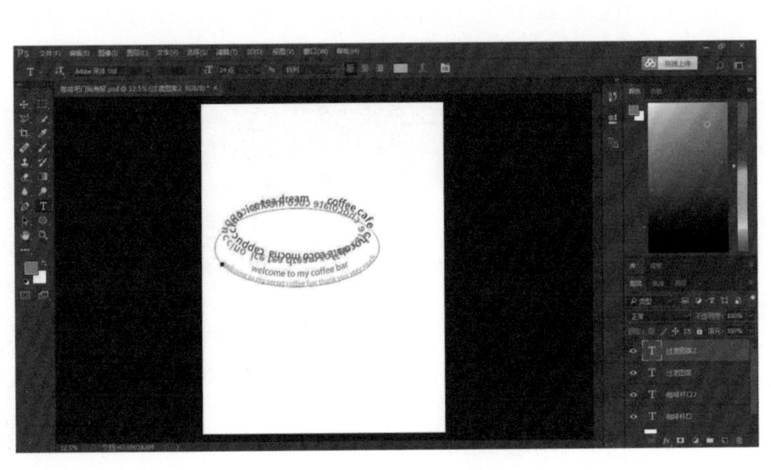

图 4-47　过渡图案 2 的设计

（4）杯身图案设计。新建图层，输入文字“HAYYP”，按图4-48所示，修改其颜色和字体。选中“A”，按图4-49所示，修改其大小和颜色。

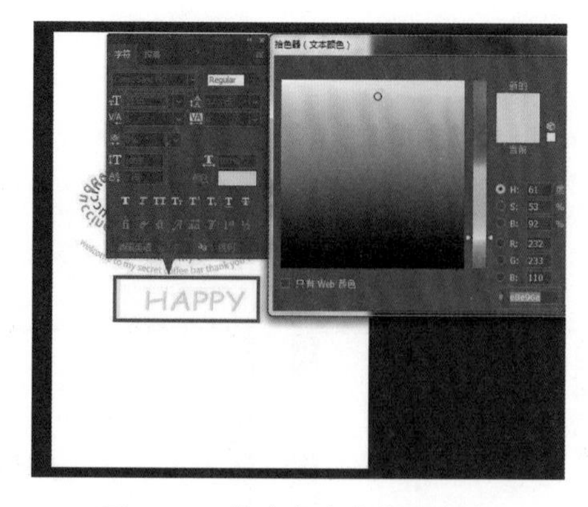

图 4-48　修改文字字体和颜色

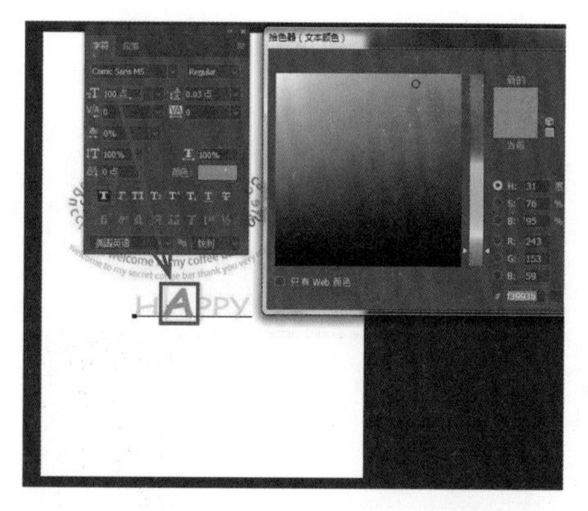

图 4-49　修改“A”的大小和颜色

（5）用同样的方式，按照图4-50所示，添加“TOGETHER”文字效果。调整后如图4-51所示。

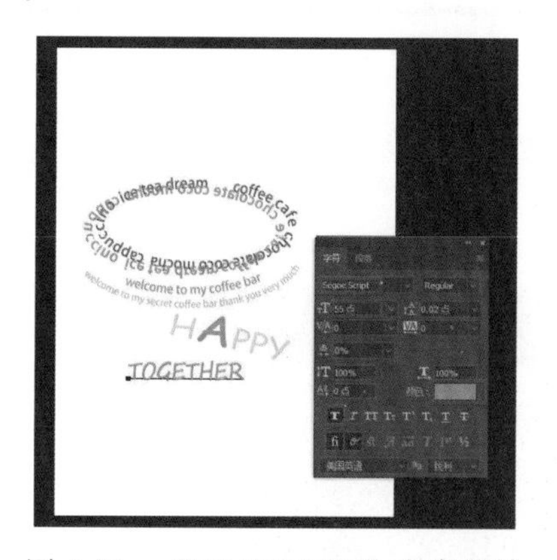

图 4-50　“TOGETHER”文字设计

图 4-51　调整后的效果

（6）加上花纹的装饰，让画面更生动（花纹设计可以根据自己的欣赏要求有不同的设计，不作强行要求），如图4-52所示。

图 4-52　杯身图案的设计

4. 设计咖啡杯杯底

和过渡图案的设计方法一样，添加文字“good nice coffee cafe”，设置文号为“48”，字体为“Adobe 黑体 Std”，颜色为“#0482f3和#be07fa”，如图4-53所示。

5. 设计咖啡杯杯把

（1）用【钢笔工具】绘制如图4-54所示的路径。

（2）在新的路径上添加文字“good nice coffee cafe”，设置其颜色和大小，如图4-55所示。

图 4-53 咖啡杯杯身制作完成

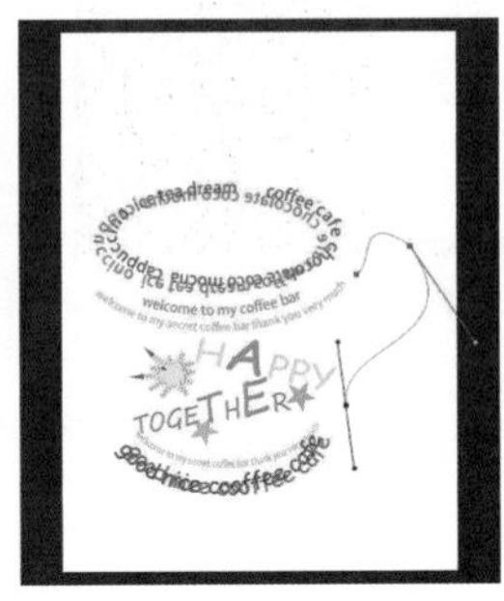

图 4-54 绘制路径

图 4-55 添加文字

（3）对新生成的文字图层进行“栅格化文字”处理，再选中该图层中的全部文字，添加渐变效果，如图4-56所示。杯把效果如图4-57所示。

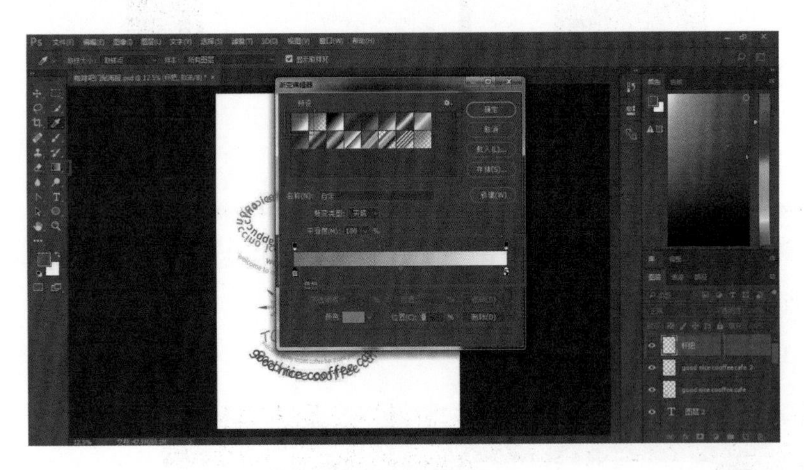

图 4-56 添加渐变效果

图 4-57 杯把效果图

6. 设计咖啡杯装饰

杯口的热气制作与之前的杯口设计一样，旁边的装饰物可以在多边形中选择，也可以自己绘制不一样的图案，但是记住图案一定要小，颜色尽量用灰色代替，如图4-58所示。

7. 背景装饰

（1）新建“背景”图层，按快捷键【Ctrl+R】调出参考线，平分画面成左右对称，左边添加橘色背景，并调整“背景”图层到最下面一层，如图4-59所示。

（2）添加旁白文字，如图4-60所示。

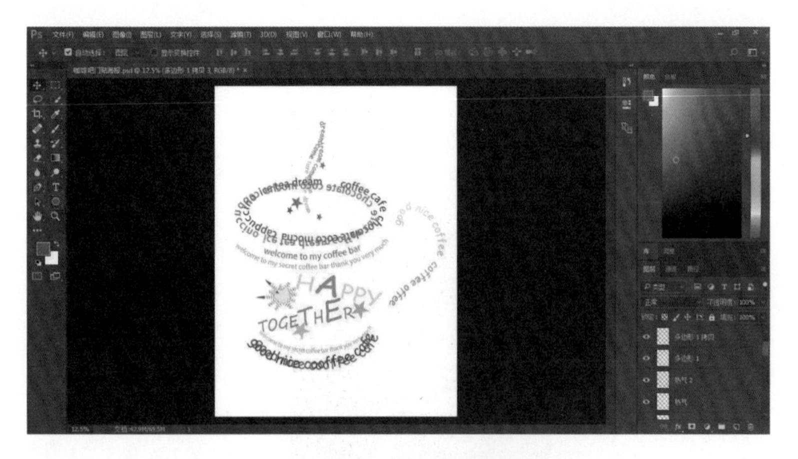

图 4-58　热气效果图

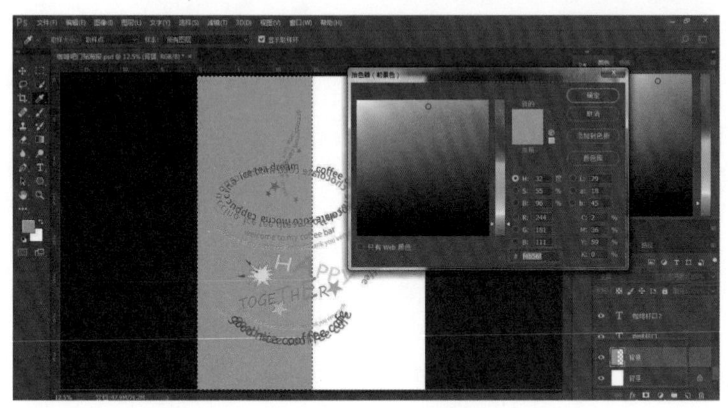

图 4-59　添加背景

图 4-60　添加旁白文字

（3）最终效果如图4-34所示。

8. 保存文档

选择【文件】→【存储】命令，保存文档。

◆ 案例小结

本案例完成了“咖啡吧门贴海报”的制作，主要学习了【路径工具】与【文字工具】的关系，同时也学到了预设图形的一些用法。其中需要注意以下3点：

（1）路径和文字在平面设计中有很重要的作用，一定要多练多用。

（2）文字的属性决定画面的风格，要多看成熟的案例，多学习。

（3）路径的变化是多样的，控制杆操作一定要熟练。

◆ 拓展练习

打开“素材\单元四\脱口秀演出海报\石狮子.jpg”文件，利用【路径工具】抠出“石狮子”图案，用“路径工具”与【文字工具】设计出海报的内容，用【选框工具】设计出画面的其他内容，海报设计要注意主题内容要表达清晰、画面简洁、配色协调等，如图4-61所示。

图 4-61　脱口秀演出海报

案例三 NO.3

制作“火锅宣传单”

微　课

◆ 案例分析

本案例以一家火锅店开业为主题，制作文字鲜明、主题突出的火锅宣传单，从而熟悉【文字工具】的应用、设置文字效果及排版操作等。

完成本案例的学习后，你应能：

◇ 输入文字和编辑文字及段落。

◇ 沿路径输入及排列文字。

◇ 修改文字属性。

◆ 效果展示

图 4-62　“火锅宣传单”效果图

◆ 案例达成

活动一　文字的输入及编辑

1. 打开文档

启动Photoshop CC，选择【文件】→【打开】命令，打开 “素材\单元四\火锅宣传单\火锅宣传单.jpg”文件，如图4-63所示。

2. 输入文字

（1）选择工具栏中【横排文字工具】T，如图4-64所示。当鼠标光标变成I状态时，参照效果图，在图像窗口的左上角合适位置定点输入“麻辣”二字，并按图4-65所示设置文字属性，字体为“华文新魏”，字号为“50点”，颜色为“黑色”。

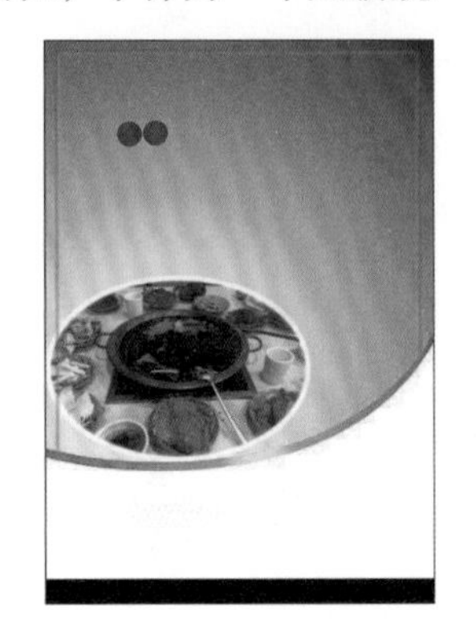

图 4-63　打开素材图片

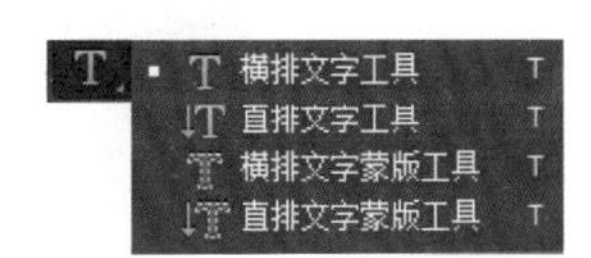

图 4-64　“文字”工具

图 4-65　设置“文字”工具选项栏

知识窗

①“文字”工具选项栏：

◎【文字变形】按钮：设置变形文字，可以设置文字的各类样式、弯曲、扭曲等。

◎【切换字符和段落面板】按钮：切换字符和段落面板。

②在Photoshop中，输入文字一般可分为点文字和段落文字两种形式，点文字用于输入标题或单行文字，段落文字则用于输入大段的文字。

ZHISHICHUANG

（2）为文字图层添加图层【描边】样式，大小为“3像素”，位置为“外部”，颜色为“白色”，如图4-66所示。

（3）选择【横排文字工具】，在图像窗口左上角圆形图形处输入“火锅”二字，打开【字符】控制面板，设置字体为“华文新魏”，字号为“36点”，字间距为“150

点”，如图4-67所示，调整到合适的位置，文字效果如图4-68所示。

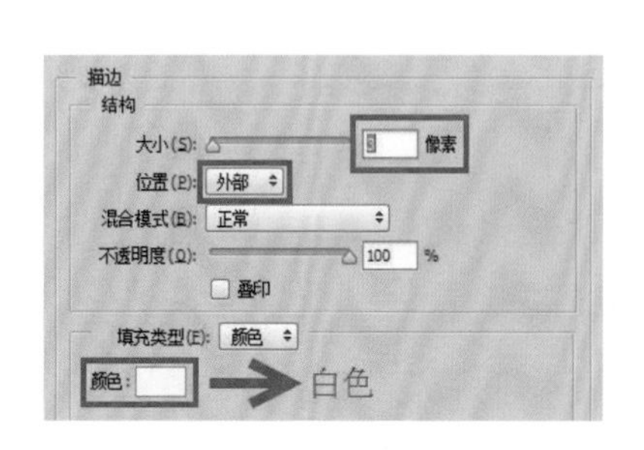

图 4-66 设置“图层样式”的描边效果

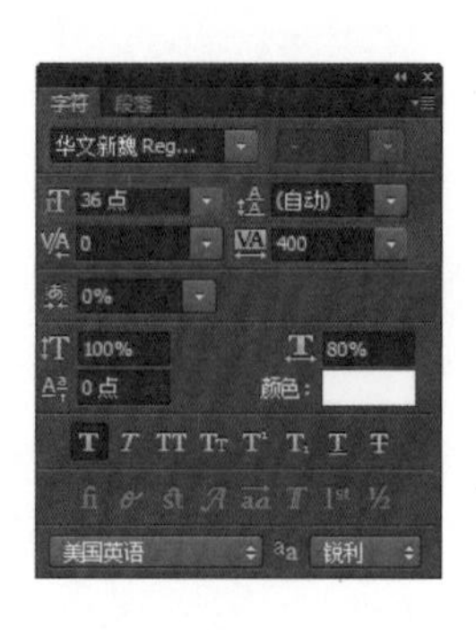

图 4-67 设置“字符”控制面板的字体、字距

图 4-68 “麻辣火锅”四字效果图

知识窗

①【字符】控制面板的各选项功能如图4-69所示。

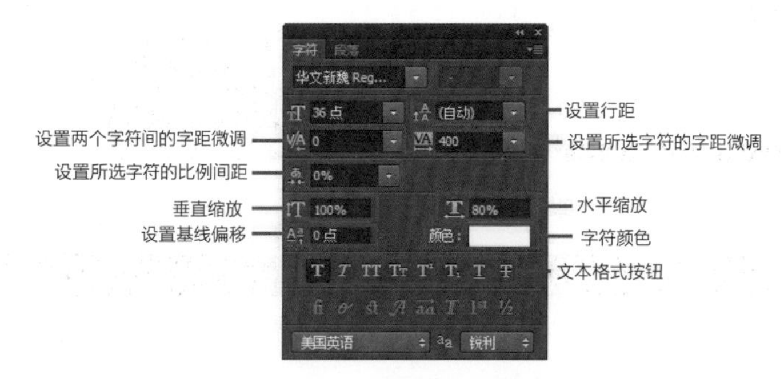

图 4-69 “字符”控制面板

◎“设置行距”下拉列表框：设置文字的行间距，值越大，行距越大；反之，行距越小。当选择“自动”选项时将自动调整行间距。

◎“设置两个字符间的字距微调”下拉列表框：当将输入光标插入文字中时，该下拉列表框有效，用于设置光标两侧的文字之间的字间距。

◎“设置所选字符的字距调整”下拉列表框：当选择了部分文字后，该下拉列表框有效，用于改变选择的文字之间的字间距。

◎“设置所选字符的比例间距”下拉列表框：以百分比的方式设置两个字符之间的字间距。

◎“垂直缩放”：设置文字的垂直缩放比例。

◎“水平缩放”：设置文字的水平缩放比例。

◎“设置基线偏移”：设置文字的基线偏移量，输入正数值往上移，输入负数值往下移。

◎文本格式按钮从左到右分别是：仿粗体、仿斜体、全部大写字母、小型大写字母、上标、下标、下画线、删除线。

②有时文字与文字的间距过大或过小，有些用户会通过变换文字来改变间距，这样容易形成文字的变形，建议通过“字符”面板设置字间距来实现。

ZHISHICHUANG

小技巧

通过选择【窗口】→【字符】命令，或者在图像中选中文字后，按快捷键【Ctrl+T】可以打开“字符”控制面板。

3. 文字蒙版工具输入文字

（1）选择工具栏中【横排文字蒙版工具】，如图4-70所示。

图 4-70　“文字蒙版”工具

（2）输入文字“开业酬宾”，并对其进行字符设置：字体为“隶书”，字符间距为“10点”。文字编辑完成后，单击【文字工具选项】中的 ☑ 按钮，图像将退出文字蒙版状态并回到标准编辑模式，将刚编辑的文字转换为选区。

小提示

进入文字蒙版输入状态后，图像表面会被一层淡红色的透明颜色覆盖，这就是选区蒙版。

（3）选择【选择】→【变换选区】命令，调整选区大小，如图4-71所示。新建图层，命名为“开业酬宾”。

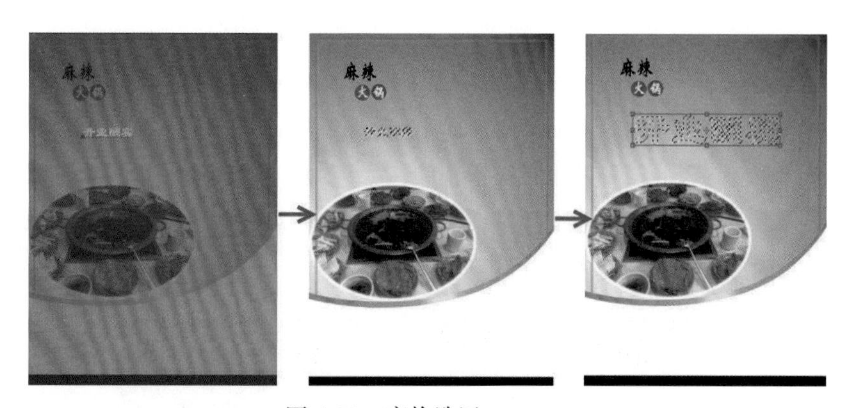

图 4-71　变换选区

（4）选择【渐变工具】进行线性渐变填充，【渐变编辑器】对话框设置名称为“蓝，红，黄渐变”，参数如图4-72所示。

（5）选择【编辑】→【描边】命令，设置宽度为“3像素”，颜色为“黑色”，位置为“居外”。调整到适当的位置，如图4-73所示。

4. 继续输入文字

选择【横排文字工具】输入文字“活动时间：2017年5月1—8日”，并对其进行字符设置：字体为“仿宋”，字号为“25点，加粗，倾斜”，效果如图4-74所示。

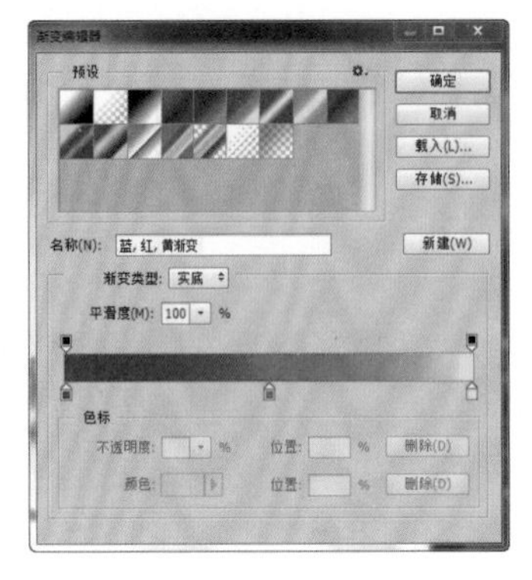

图 4-72 【渐变编辑器】对话框　　图 4-73 描边后效果　　图 4-74 设置后效果

小技巧

如何将文字图层改变成普通图层?

在【图层】面板中选中文字图层，右击，在弹出的快捷菜单中选择【栅格化文字】命令即可。

活动二 沿路径输入文字

1. 绘制路径并沿路径输入文字

（1）选择使用【钢笔工具】绘制如图4-75所示路径形状。

（2）选择【横排文字工具】，光标移动到路径上，当光标变成 ⌶ 状态时单击，从鼠标光标落点处开始输入文字“原汁原味 锅锅经典”，文字开始的位置会出现一个“×”图标，选中文字并对其进行字符设置：字体为“华文新魏”，字号为“40点，加粗，倾斜”，调整到路径的合适位置，效果如图4-76所示。利用【移动工具】调整文字在整个宣传单的位置。

图 4-75 绘制路径形状　　图 4-76 沿路径输入文字

知识窗

①Photoshop允许用户使用【文字工具】沿路径输入两种路径文字：一种是沿路径排列文字；另一种是路径内部输入文字。这样可以制作出文字的特殊效果。

②沿路径创建文字后，利用工具栏中的【路径工具】可以编辑修改路径，文字的走向也会随之发生变化，但文字会一直紧贴路径。

③使用【钢笔工具】绘制路径时，一定要注意路径的绘制方向；否则在输入文字时，会发现输入的文字方向与预想的方向相反。

ZHISHICHUANG

2. 使用【直排文字工具】输入段落文字

（1）右击【横排文字工具】，选择【直排文字工具】，如图4-77所示。

（2）输入“Chongqing Hotpot”，并对其进行字符设置：字体为“宋体”，字号为“30点”，字符间距为“5”，调整到合适的位置，如图4-78所示。

图 4-77　直排文字工具

图 4-78　直排文字工具输入文字

（3）同理，输入文字“推荐菜品”，并对其进行字符设置：字体为“宋体”，字号为“28点”，字符间距为“5”，调整到合适的位置。

小技巧

按【T】键可快速选择文字工具组中当前显示的工具，按快捷键【Shift+T】可在文字工具组的4个文字工具之间进行切换。

3. 输入段落文字

（1）选择【横排文字工具】，按住鼠标左键拖出一块区域，称为段落文本框，如图4-79所示。

（2）输入相应的内容：“精品肥牛　大盘毛肚　手工腰片　冰鲜大虾　现炸酥肉　牛肉丸子　羊肉卷　猪肉卷　鲜鹅肠”，并对其进行字符设置：字体为“宋体”，字号为“26点，加粗”，行距为“35”；段落对齐方式为“居中对齐文本”，效果如图4-80所示。

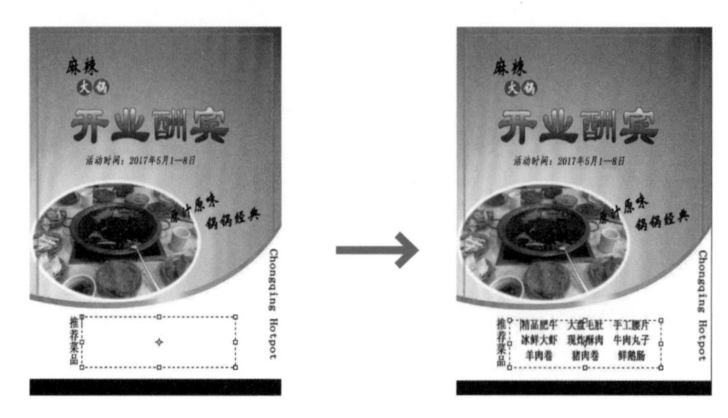

图4-79　输入段落文字区域　　　　图4-80　输入段落文字后设置效果

知识窗

①定义段落文本框后，可以对文本框进行调整，只需将鼠标光标移动到文本框上的8个小方块的任一小方块处拖拽即可。

②“段落”控制面板如图4-81所示。

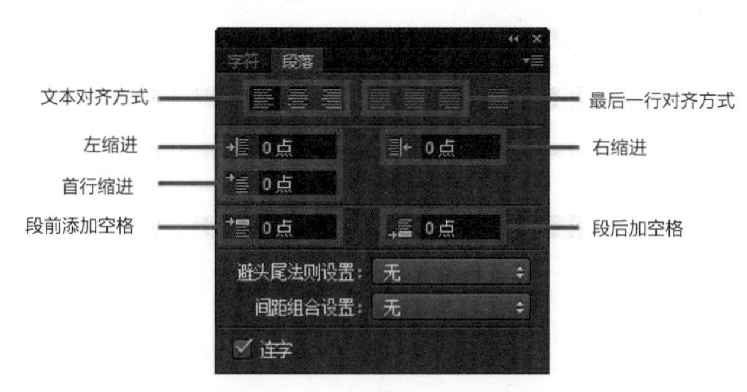

图4-81　“段落”控制面板

③段落控制面板一般用于设置段落文字的样式。

ZHISHICHUANG

4. 继续输入文字

按样文输入相应的内容：“美食热线：023-67658888，地址：渝北区空港广场5楼”，并对其进行字符设置：字体为“黑体”，字号为“24点”，颜色为“白色”，行距为“12”，调整到合适的位置。最终效果如图4-62所示。

5. 保存文档

选择【文件】→【存储】命令，以“火锅宣传单.psd”为名保存文档。

◆ 案例小结

本案例完成了制作“火锅宣传单”的操作，主要学习了文字及段落文字的创建与编辑，沿路径输入文字，使用【横排文字蒙版工具】和【直排文字工具】创建文字，设置文字和段落属性等。其中需要注意以下两点：

（1）文字蒙版填充文字颜色时一定要新建图层。

（2）沿路径输入文字时一定要将光标定位在路径上。

◆ 拓展练习

打开“素材\单元四\明信片\明信片.jpg”文件，模仿图4-82制作明信片的效果图。

图 4-82　明信片

单元五
照片修饰与滤镜特效

照片是记录生活的点滴，或是记录曾经所见，很有收藏价值。但是往往会有一些照片存在曝光不足或曝光过度、缺少细节等问题，这些问题都可以通过后期修图来解决。

滤镜是Photoshop中最具吸引力的功能之一，它是一种特殊的插件模块，能够操纵图像中像素的位置和颜色，从而让普通的图像呈现出令人惊叹的视觉效果。

滤镜按位置分为内置滤镜和外挂滤镜两大类。内置滤镜是Photoshop自身提供的各种滤镜，外挂滤镜则是由其他厂商开发的滤镜，它们需要另外安装才能使用。本单元主要介绍内置滤镜的简单使用，它们包含在滤镜菜单中。

案例一

NO.1

制作“星空人物”

◆ 案例分析

制作“星空人物”，实质就是将人物和星空背景作整合，人物图片原图过曝、色彩扁平、背景处有污点。本案例将着重调整人物图片，最终制作出绚烂的“星空人物”效果图。

完成本案例的学习后，你应能：

- 运用【仿制图章工具】【修复画笔工具】去污。
- 运用【画笔工具】【加深工具】美化图片。
- 运用图层混合模式调色。
- 运用高反差保留增加清晰度。

◆ 效果展示

图 5-1　“星空人物”效果图

◆ 案例达成

活动一　打开素材、修复画面

1. 打开素材

启动Photoshop CC，选择【文件】→【打开】命令，选择“素材\单元五\星空人物\星空人物.jpg”，如图5-2所示。

图 5-2　打开素材“星空人物”

2. 使用【污点修复工具】去污

（1）选择【仿制图章工具】，此时光标变成一个“圆圈”，这表示选择“仿制图章工具”成功。参数设置如图5-3所示。

图 5-3　【仿制图章工具】参数设置

（2）选择“仿制源”。把光标停在你所要复制的地方，按下【Alt】键，单击鼠标，光标出现一个被圆圈包围的“+”字，这个就是所选定的“仿制源”。

（3）松开【Alt】键，把光标移到你所要修补的地方，重复单击鼠标，直到你所希望的效果出现，如图5-4所示。

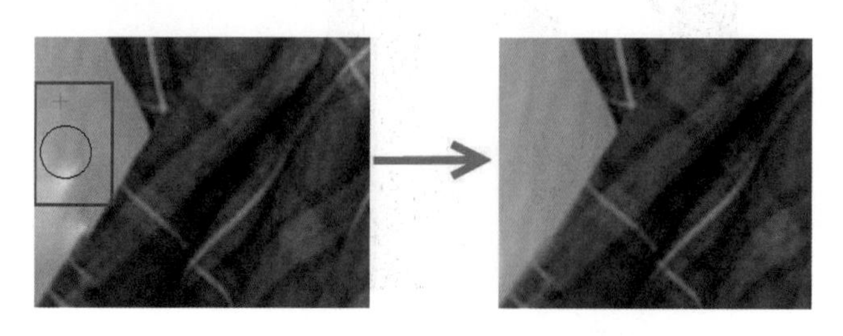

图 5-4 【仿制图章工具】去污

（4）【污点修复画笔工具】修复背景。选择【污点修复画笔工具】，单击背景处的污点直接进行修复。画笔大小可通过按“[”和“]”键适当调整。修复效果如图5-5所示。

图 5-5 【污点修复画笔工具】修复背景

小提示

使用【仿制图章工具】，必须要选择仿制源，为达到最佳效果，仿制源应该与要修复的地方十分相似，相同最好，修复过程可灵活更换仿制源。【仿制图章工具】与【污点修复画笔工具】不同之处在于：

①【仿制图章工具】适用范围广，修复效果好，但需手动不断调整仿制源。

②【污点修复画笔工具】属于系统工具，无须选择仿制源，可直接使用。【污点修复画笔工具】适合大面积的纯色修复，系统会根据修复区域自动地调节边缘，使之与周围颜色融合。

小技巧

①使用【污点修复工具】时，应合理设置、修改参数，避免修复痕迹过重。

②【仿制图章工具】还可用于人像美容（祛除脸上雀斑、皱纹、黑痣）。

活动二 调 色

1. 基础润色

（1）按快捷键【Ctrl+J】复制背景图层，修改“图层1”的图层混合模式为“柔光”，如图5-6所示。

（2）为“图层1”添加矢量蒙版，如图5-7所示。

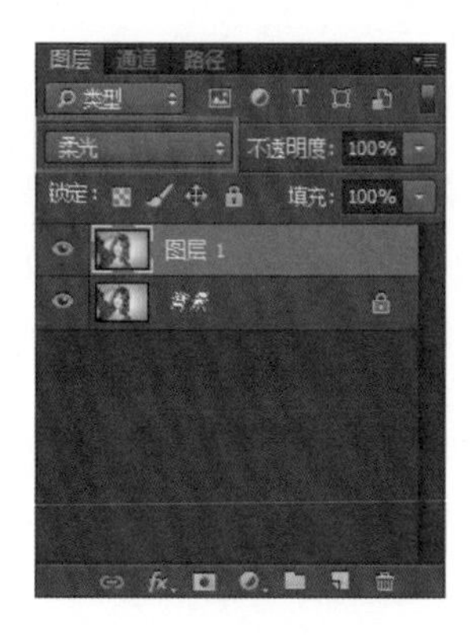

图 5-6 柔光混合模式调色

图 5-7 添加矢量蒙版

（3）选择【画笔工具】，设置前景色为“黑色”，不透明度和流量参数设置为“60%”左右，在蒙版里面画出以下部分，如图5-8所示。

2. 压暗高光

在“图层1”上按快捷键【Ctrl+Alt+2】选中高光选区，按快捷键【Ctrl+J】复制高光选区生成“图层2”，并设置其图层混合模式为“颜色加深”，如图5-9所示。

图 5-8 蒙版中使用“画笔工具”

图 5-9 压暗高光参数效果图

知识窗

在Adobe Photoshop CC 软件中，提供了27种混合模式选项，分为6大组：正常模式、变暗模式、变亮模式、叠加模式、差值模式、色相。在图片处理中，图层混合模式多用于调色。例如，若需要将图片调暗，一般选择变暗模式下的正片叠底或者颜色加深。

不同的混合模式选项将呈现不同的效果，在使用过程中，为了找到最佳的表现效果，可以将图层混合模式的选项逐个尝试，得到与之相符的理想效果。

基色+混合色=结果色

◎基色：图像中的原稿颜色，也就是要用混合模式选项时，两个图层中下面的那个图层。

◎混合色：通过绘画或者编辑工具应用的颜色，两个图层中上面的那个图层。

◎结果色：在基色基础上，结合混合模式后得到的颜色，即最后的效果色。

ZHISHICHUANG

小提示

①选中高光选区的快捷键 ：Ctrl+Alt+2。

②设置混合模式应选择效果最佳的选项，结合恰当的不透明度调整会更好。

③通过综合设置亮度、对比度、色相、饱和度等参数也可以调色，但需要设计者有一定的图片分析、判断能力。

活动三　美颜、修饰

1. 添加口红

（1）在图层面板中单击【新建图层】按钮，生成“图层3”，如图5-10所示。

（2）选择【画笔工具】，不透明度和流量设置为“60%”，设置前景色为“#f589cb”，沿嘴唇上色，注意适当调整画笔大小。调整图层混合模式为正片叠底，如图5-11所示。

（3）按快捷键【Ctrl+Shift+Alt+E】盖印图层，生成“图层4”，如图5-12所示。

图 5-10　新建图层

图 5-11　添加口红

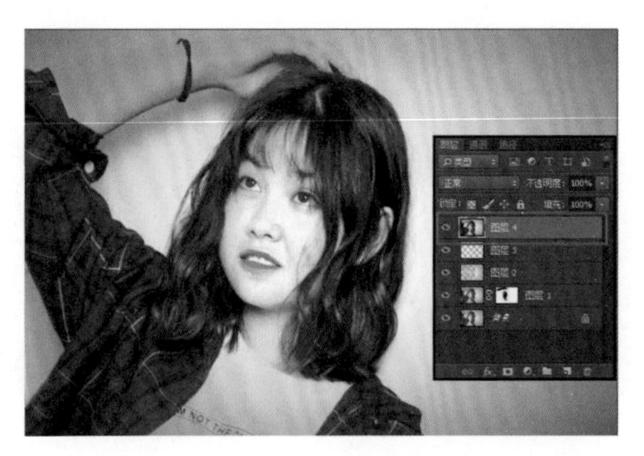

图 5-12　盖印图层

2. 细节修饰

（1）选择【吸管工具】，在手臂处选择恰当的颜色，再选择【画笔工具】，不透明度和流量设置为“30%”，在手臂高光区域进行涂抹，降低其曝光。

（2）选择【加深工具】，沿手臂外侧边缘涂抹，勾勒出手臂轮廓，参数设置如图5-13所示。

5　范围：阴影　曝光度：26%　保护色调

图 5-13　“加深工具”参数设置

（3）选择【仿制图章工具】，修饰牙齿，剔除杂色。

（4）选择【锐化工具】，对人物五官进行锐化涂抹，着重处理眼部细节。

（5）选择【加深工具】，范围设置为“阴影”，曝光度为“26%”，对人物黑色眼球加深处理，让眼神更深邃。细节修饰效果如图5-14所示。

图 5-14　细节修饰效果图

3. 增强画面质感

（1）复制“图层4”，生成“图层4拷贝”新图层，选择【滤镜】→【其他】→【高反差保留…】命令，参数设置如图5-15所示。

（2）设置“图层4拷贝”图层的混合模式为“柔光”，不透明度为“70%”，如图5-16所示。

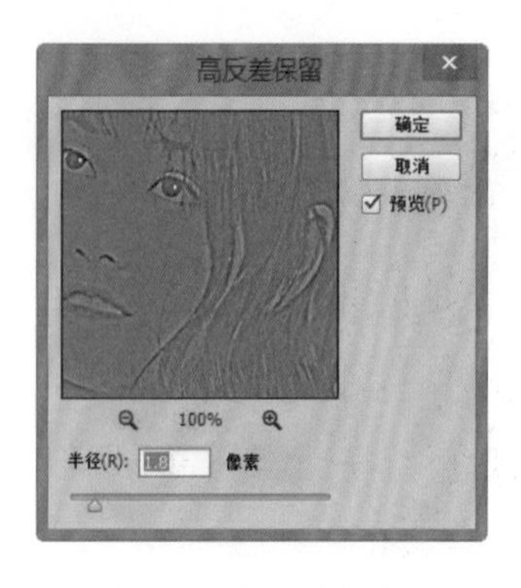

图 5-15　高反差保留图

图 5-16　混合模式设置

知识窗

高反差保留主要是将图像中颜色、明暗反差较大两部分的交界处保留下来，例如，图像中有一个人和一块石头，那么石头的轮廓线和人的轮廓线以及面部、服装等有明显线条的地方会被保留，而其他大面积无明显明暗变化的地方则生成中灰色。

要高反差保留适合进一步提高图像清晰度，配合混合模式的使用才有实际效果。例如，一张不算高清的图片，把它拉到PS中，按快捷键【Ctrl+J】复制一层，在复制的层上做高反差保留，然后将这层的混合模式改为“柔光”，你会发现图像的清晰度增加了。

ZHISHICHUANG

活动四　添加星空

1. 添加星空1素材，构建暖色调背景

打开“素材\单元五\星空人物\星空1.jpg”，按快捷键【Ctrl+A】将图片全部选定，再按快捷键【Ctrl+C】复制，回到星空人物文件下按快捷键【Ctrl+V】粘贴生成“图层5”，并修改其图层混合模式为“柔光”，不透明度为“60%”，如图5-17所示。

2. 添加星空2素材

打开“素材\单元五\星空人物\星空2.jpg”，复制到星空人物文件下，生成“图层6”，修改其图层混合模式为“柔光”，如图5-18所示。

图 5-17　构建暖色调背景

图 5-18　添加星空 2 素材

3. 加强星空的画面感

（1）复制“图层6”，生成“图层6拷贝”新图层，修改其不透明度为“70%”，如图5-19所示。

（2）给“图层6”添加矢量蒙版，用黑色画笔在人物面部处涂抹，显出面部细节，画笔不透明度和流量为“60%”，如图5-20所示。

图 5-19　加强星空

图 5-20　添加矢量蒙版

4. 保存文档

选择【文件】→【存储】命令，以“星空人物”为名保存文档。

◆ 案例小结

本案例完成了 “星空人物”的制作，主要学习了仿制图章、污点修复画笔、锐化、加深等修复工具的应用，以及运用图层混合模式调色和高反差保留提高清晰度。其中需要注意以下3点：

（1）为达到更好的修饰效果，应灵活地将图片进行放大处理。

（2）图片修饰前，应合理分析图片存在的问题，构思好处理效果。

（3）各项工具的参数设置、画笔大小应合理调整。

◆ 拓展练习

利用“素材\单元五\星空小狗”文件夹中的文件，模仿图5-21制作“星空小狗”效果图。

图 5-21　“星空小狗”效果图

案例二

NO.2

制作“美丽的色达”

◆ 案例分析

制作“美丽的色达”效果图。原图曝光不足，色彩不明朗，缺少层次感，画面较杂乱，本案例将综合运用各种修复工具对其进行修饰，最终制作出色彩明朗的风景照片。

完成本案例的学习后，你应能：

- 调整图片亮度、对比度。
- 运用智能锐化、高反差提高图片清晰度。
- 综合运用【加深工具】【仿制图章工具】等美化图片。
- 替换背景。

◆ 效果展示

图 5-22 “美丽的色达”效果图

◆ 案例达成

活动一 打开素材、基础调整

1. 打开素材

启动Photoshop CC，选择【文件】→【打开】命令，打开“素材\单元五\美丽的色达\美丽的色达.jpg”文件，如图5-23所示。

2. 转换图像模式为CMYK模式

选择【图像】→【模式】→【CMYK颜色】命令，将图片从RGB模式转换成CMYK模式。在弹出的【提示】对话框中，单击【不拼合】，如图5-24所示。在【提示】对话框中，单击【确定】按钮，如图5-25所示。

图 5-23 打开素材“美丽的色达”

图 5-24 【提示】对话框

图 5-25 【提示】对话框

3. 智能锐化，提高图像清晰度

（1）选择黑色通道。按快捷键【Ctrl+J】复制背景图层，生成“图层1”，隐藏背景图层，如图5-26所示。单击通道面板，选择黑色通道，如图5-27所示。

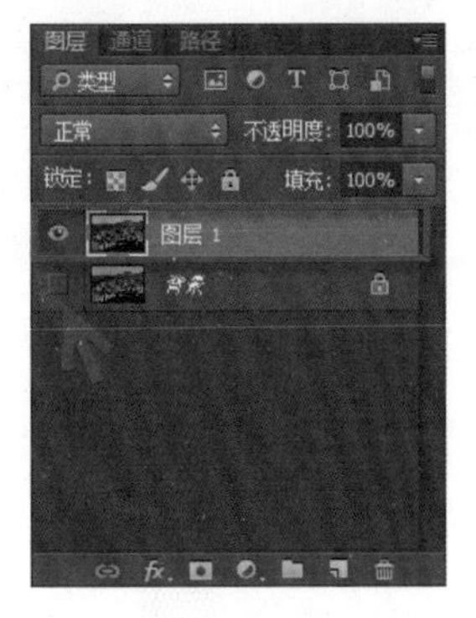

图 5-26 复制背景图层

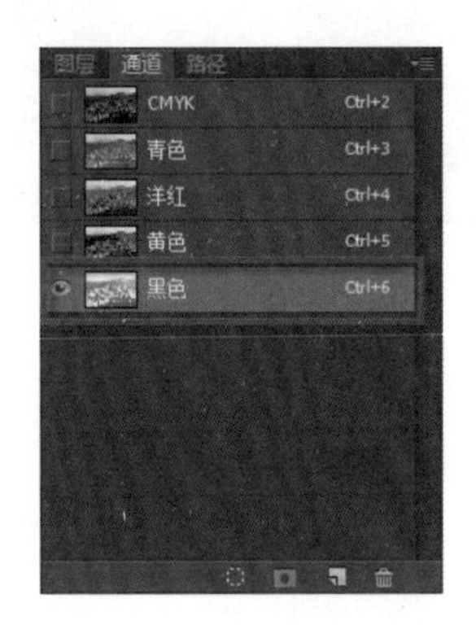

图 5-27 选择黑色通道

（2）智能锐化。选择【滤镜】→【锐化】→【智能锐化…】命令， 智能锐化参数如图5-28所示，单击【确定】按钮完成锐化。选择CMYK通道，回到图层面板，如图5-29所示。

（3）修改图层名称。在【图层】面板中，在图层“图层1”名称上双击，图层名称会变成可编辑状态，输入“黑色通道智能锐化”，如图5-30所示。

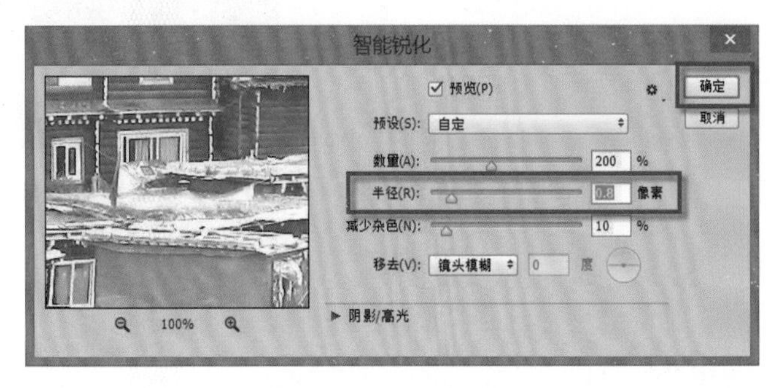

图 5-28 智能锐化

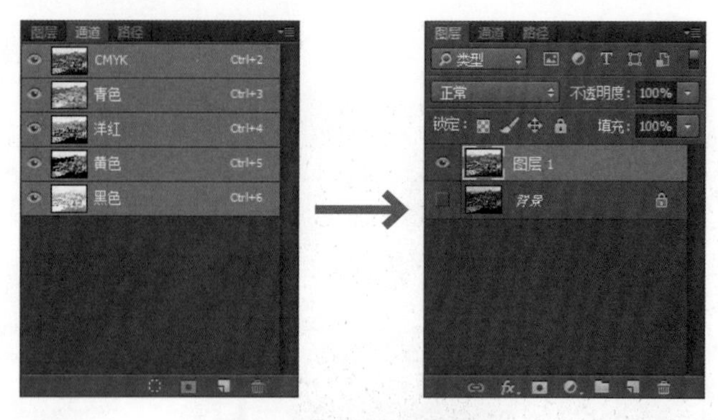

图 5-29　返回图层面板

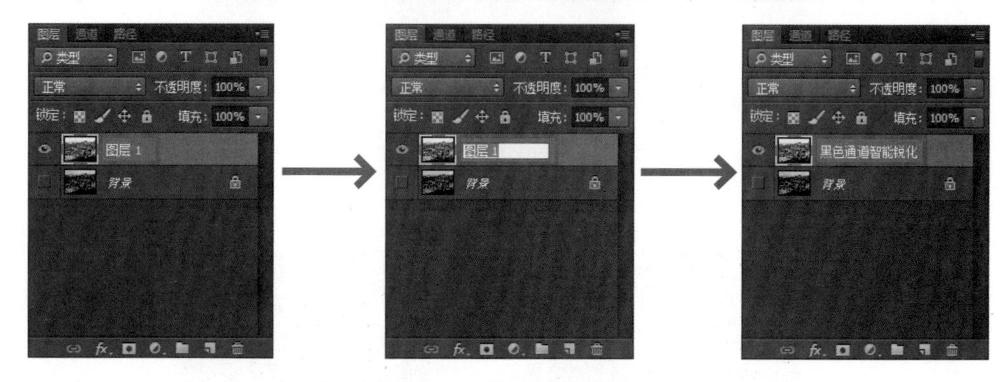

图 5-30　修改图层名称

4. 改变明度、调色

（1）复制图层。复制 “黑色通道智能锐化” 图层，选择【图像】→【调整】→【亮度/对比度…】命令，调整其亮度、对比度，参数如图5-31所示。

（2）修改图层混合模式。单击【正常】列表框，在弹出的选项列表中选择“柔光”，修改其图层混合模式为“柔光”，修改该图层名称为“调色”，如图5-32所示。

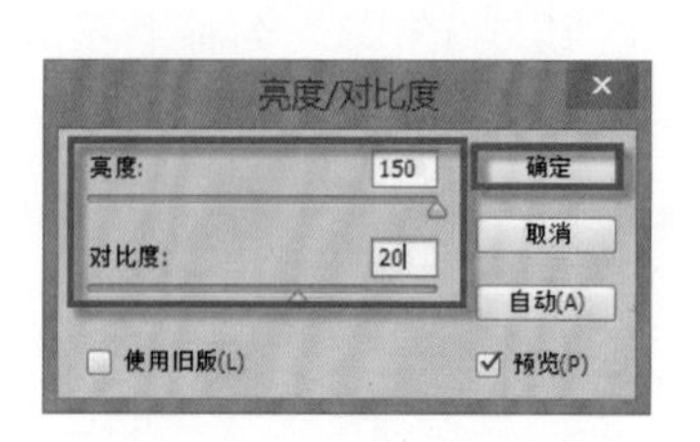

图 5-31　亮度 / 对比度参数

图 5-32　修改图层混合模式

5. 加强图片清晰度

（1）复制图层。复制“黑色通道智能锐化”图层，修改该图层名称为“滤镜高反差”，按快捷键【Ctrl+Shift+]】置顶，如图5-33所示。

（2）滤镜加强图片清晰度。选择【滤镜】→【其他】→【高反差保留…】命令，调整其亮度、对比度，参数如图5-34所示。

图 5-33　复制图层

图 5-34　高反差保留参数

（3）修改图层混合模式。修改图层“滤镜高反差”的图层混合模式为“叠加”，效果如图5-35所示。

图 5-35　效果图

小提示

在CMYK模式下，通道中有个比较独特的黑色通道，黑色的作用是强化暗调，加深暗部色彩。对黑色通道锐化后可以明显提高图片的清晰度。

活动二　修补、美化图片

1. 盖印图层，再次调整亮度、对比度

按快捷键【Ctrl+Shift+Alt+E】盖印图层，生成“图层1”，如图5-36所示。选择【图像】→【调整】→【亮度/对比度…】命令，具体参数如图5-37所示。

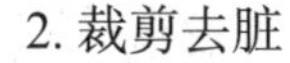

2. 裁剪去脏

（1）复制“图层1”图层，生成“图层1拷贝”图层。选择工具栏的【裁剪工具】，在工作区按住鼠标左键不放，拖出保留区域，按【Enter】键确认，如图5-38所示。

（2）在工作区除脏修补，修补区域如图5-39所示。选择工具栏的【仿制图章工

图 5-36　盖印图层

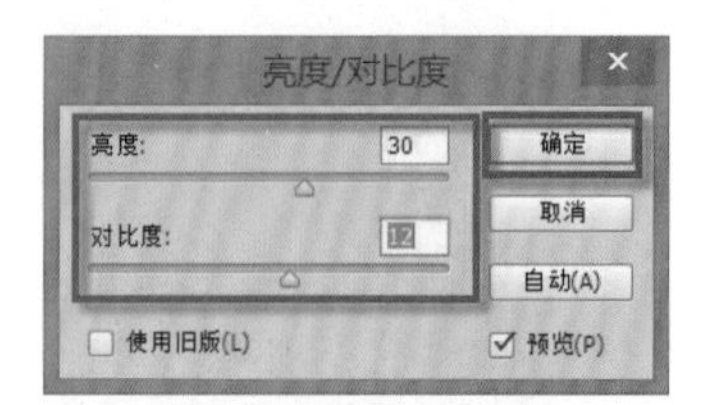

图 5-37　亮度 / 对比度参数

图 5-38　裁剪参考图

图 5-39　修补区域

具】，设置【仿制图章工具】参数如图5-40所示，去脏后的效果如图5-41所示。

3. 添加阴影

（1）复制图层“图层1 拷贝”，生成“图层1 拷贝2”图层，如图5-42所示。

（2）选择工具栏的【减淡工具】下的【加深工具】，如图5-43所示。设置【加深工具】的参数如图5-44所示。

图 5-40　参数设置

图 5-41　去脏效果

图 5-42　图层 1 拷贝 2

图 5-43　加深工具

图 5-44　【加深工具】参数设置

（3）在如图5-45标志处添加阴影，处理后的效果如图5-46所示。

图 5-45　阴影区域

图 5-46　修补、美化效果图

小提示

盖印图层就是在处理图片的时候将处理后的效果盖印到新的图层上，因为盖印是重新生成一个新的图层，不会影响之前所处理的图层，极大地方便了人们处理图片，也可以节省时间。

活动三　替换天空

1. 删除原图天空部分

利用【快速选择工具】、【套索工具】和【橡皮擦工具】选择图片的天空部分，按下【Delete】键删除选区，效果如图5-47所示。

图 5-47　删除天空背景

2. 打开天空素材进行替换

（1）选择【文件】→【打开】命令，打开“素材\单元五\美丽的色达\天空.jpg”文件，按快捷键【Ctrl+A】选定“天空”图片，再按快捷键【Ctrl+C】复制，最后回到美丽的色达工作区处粘贴，如图5-48所示。

图 5-48　粘贴新天空背景

（2）调整天空大小。按快捷键【Ctrl+T】，对天空大小、形状作调整，并将天空图层下移一个图层，如图5-49所示。

（3）调整天空的亮度、对比度，参数如图5-50所示。

图 5-49　调整天空位置

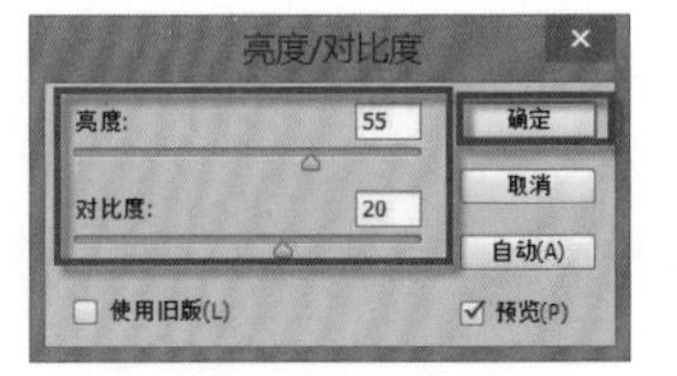

图 5-50　“亮度 / 对比度”参数设置

（4）调整边缘。运用【模糊工具】分别在“图层2”和“图层1 拷贝2”两个图层交接处涂抹，使其连接更紧密。参数如图5-51所示。

图 5-51　【模糊工具】参数设置

（5）保存文档。选择【文件】→【存储】命令，以“美丽的色达”为名保存文档。

小提示

仿制图章、橡皮擦、模糊工具的画笔大小、参数应根据实际所需灵活调整，按“[”键是缩小画笔，按“]”键是放大画笔。

◆ 案例小结

本案例完成了对“美丽的色达”的修饰，主要学习了【仿制图章工具】【加深工具】【模糊工具】的运用，以及对图层混合模式的更改，照片清晰度的调整技能。其中需要注意以下3点：

（1）黑色通道锐化必须是在CMYK图像模式下进行。

（2）运用【仿制图章工具】修复时，必须先选择恰当的复制源。

（3）为达到色彩的统一，可以综合调节亮度、对比度、色相等参数。

◆ 拓展练习

打开“素材\单元五\大山包东川\大山包东川.jpg”文件，模仿图5-52制作“大山包东川”效果图。

图 5-52　“大山包东川”效果图

案例三

NO.3

制作“油画效果”

◆ 案例分析

滤镜库是一个整合了多个常用滤镜组的设置对话框，利用滤镜库可以累积应用多个滤镜或多次应用单个滤镜，还可以重新排列滤镜的执行顺序或更改已应用的滤镜设置。本案例将用滤镜库中的纹理化、阴影线和胶片颗粒3个滤镜的相互配合，将一张水母图片制作成油画的效果，最后还可以分别对各个滤镜的参数进行修改。

完成本案例的学习后，你应能：

- 正确使用滤镜库。
- 新建、修改、删除滤镜图层。
- 调整各滤镜的参数。
- 掌握各滤镜的效果与功能。

◆ 效果展示

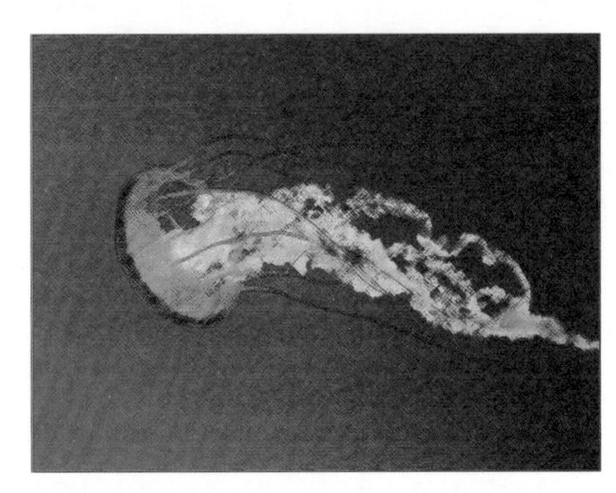

图 5-53 “油画效果”的效果图

◆ 案例达成

活动一 添加素材

1. 打开文件

启动Photoshop CC，选择【文件】→【打开】命令，打开“素材\单元五\油画效果\水母.jpg”文件，如图5-54所示。

2. 打开滤镜库

选择【滤镜】→【滤镜库】命令，可以看到很多滤镜组，每个组内又包含多个滤镜，并有相应的效果和名称显示，如图5-55所示。

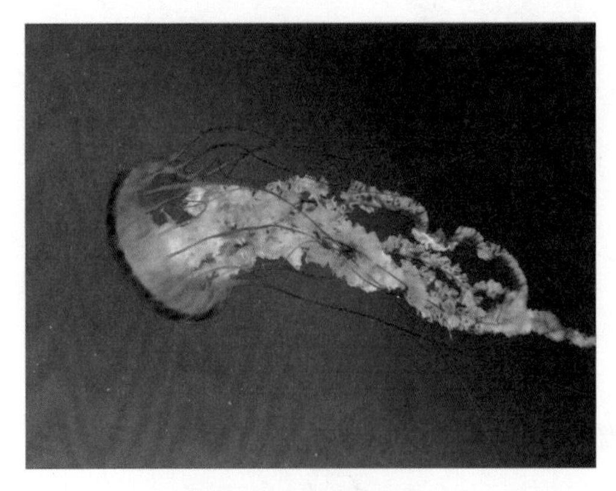

图 5-54 打开文件

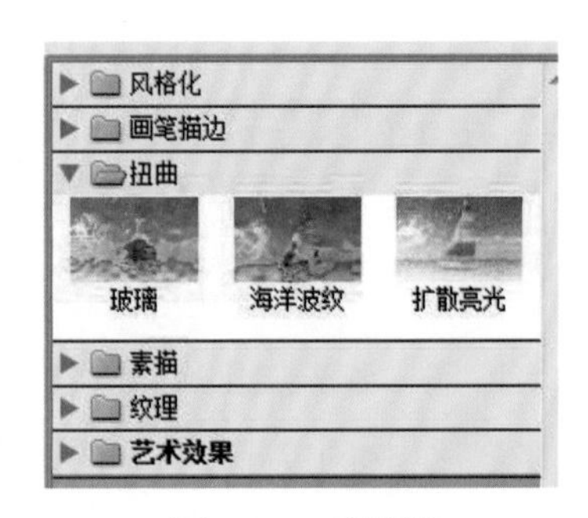

图 5-55 滤镜组

活动二　制作效果

（1）在【滤镜库】右边单击【纹理】→【纹理化】，在“纹理”下拉菜单中选择“画布”选项，如图5-56所示。

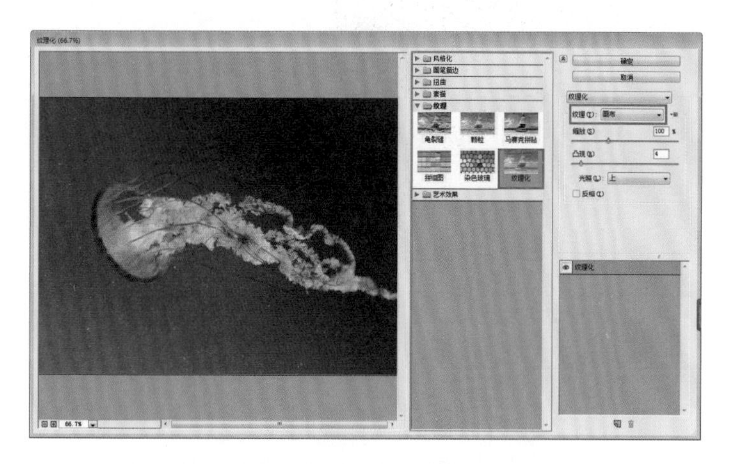

图 5-56　“纹理化”滤镜参数面板

（2）在【滤镜库】的右下角单击【新建效果图层】按钮 ，选择“阴影线”滤镜，效果如图5-57所示，制作出画布的纹路和油画的效果。

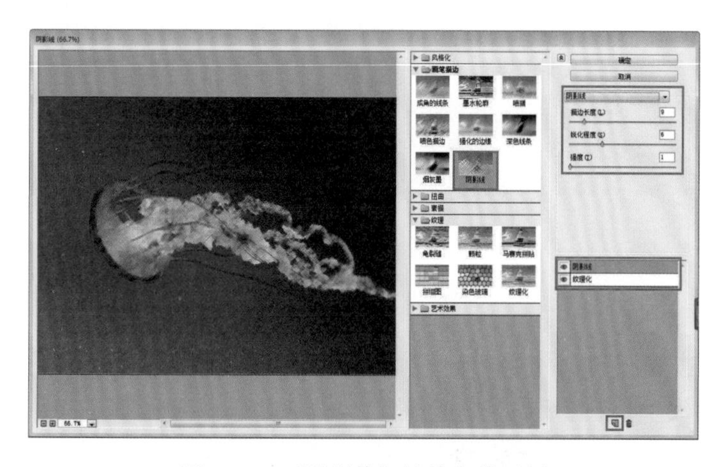

图 5-57　“阴影线”滤镜参数面板

小提示

①单击对话框右下角的【新建效果图层】按钮，可以新建或复制效果图层。

②单击对话框右下角的【删除效果图层】按钮 ，可以删除当前效果图层。

（3）为了提高画布的材质和亮度，再单击【新建效果图层】按钮，选择“胶片颗粒”滤镜，如图5-58所示。

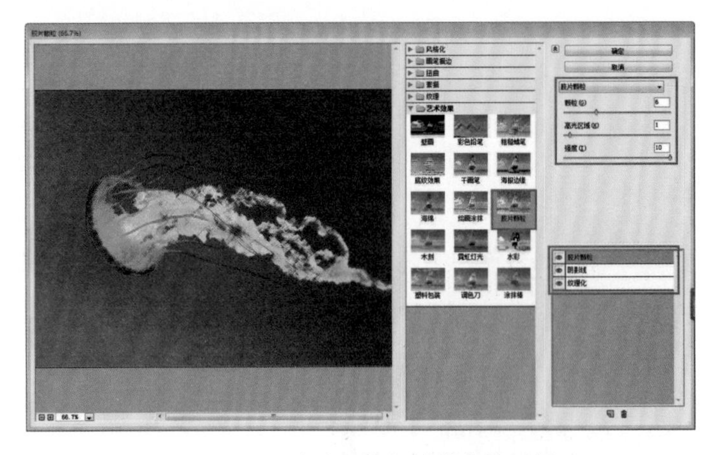

图 5-58 “胶片颗粒”滤镜参数面板

（4）提高画布的颗粒度和高光。可以在参数区域作适当的修改，最终效果如图5-53所示。

（5）选择【文件】→【存储】命令，以“油画效果”为名保存文档。

知识窗

在应用多个滤镜时，可以对滤镜图层进行编辑：

①利用鼠标上下拖动效果图层，可改变图像效果。

②利用【删除效果图层】按钮删除不用的效果图层。

③选中某个“效果图层”，可以重新修改其滤镜的参数。

ZHISHICHUANG

小技巧

①单击对话框右侧“效果图层”前面的 按钮，可以隐藏此“效果图层”的滤镜效果；再次单击 按钮，将重新显示滤镜效果。

②单击对话框右侧上方的 按钮，可以隐藏滤镜组，从而扩大图像预览区；再次单击 按钮，将重新显示滤镜组。

◆ 案例小结

本案例完成了制作“油画效果”的操作，主要学习了滤镜库内多滤镜的组合运用，认识了纹理化、阴影线、胶片颗粒3个滤镜的效果，并能根据效果需要，修改、编辑各滤镜的参数。其中需要注意以下3点：

（1）图层使用滤镜的先后顺序不同会得到不同的效果。

（2）与普通滤镜不同的是：滤镜库内的所有滤镜都可以重新调整参数。

（3）可以在多个滤镜图层的任意位置添加、删除或修改任意滤镜及参数。

◆ 拓展练习

打开“素材\单元五\油画效果\花.jpg”文件，模仿图5-59制作“雨中花”效果图。参考滤镜的操作步骤如图5-60所示。

图 5-59　雨中花效果图

图 5-60　“雨中花”参考步骤

案例四

NO.4

制作“天空效果”

◆ 案例分析

本案例制作的“天空效果”主要用云彩、镜头光晕、浮雕效果3个滤镜。用云彩、曲线、渐变映射、设置颜色、镜头光晕来制作蓝色的天空，用描边、文字、浮雕效果、通道、应用图像等制作立体文字，最终形成简单、清新的天空效果。

完成本案例的学习后，你应能：

◇ 使用云彩、镜头光晕、浮雕效果3个滤镜。

◇ 使用曲线、渐变映射。

◇ 输入文字并描边。

◇ 在通道内使用浮雕效果处理文字并应用通道内的图像。

◆ 效果展示

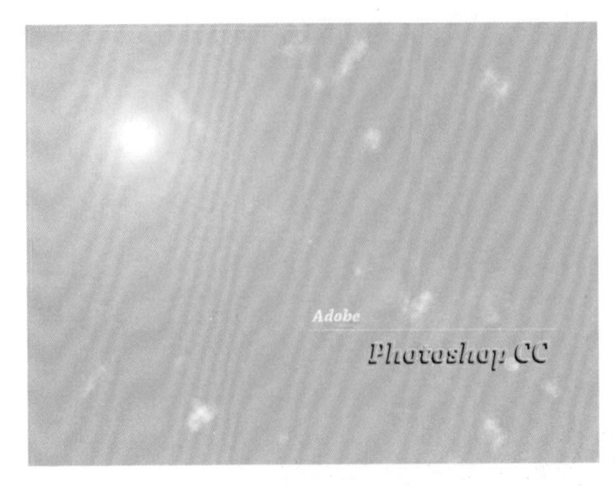

图 5-61　“天空”的效果图

◆ 案例达成

活动一　制作背景

（1）新建文档。启动Photoshop CC，选择【文件】→【新建】命令，创建一个名称为“天空”、文档类型为“默认Photoshop大小”的空白文档，如图5-62所示。

（2）按快捷键【D】，将前景色和背景色恢复为默认的黑白色。

（3）选择【滤镜】→【渲染】→【云彩】命令，得到的云彩效果如图5-63所示。

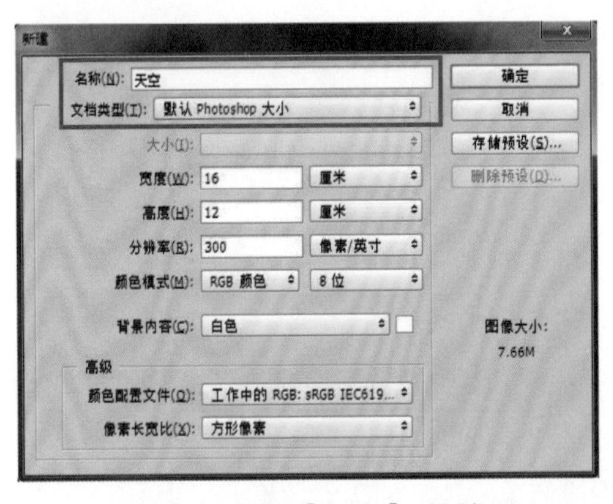

图 5-62　设置【新建】对话框

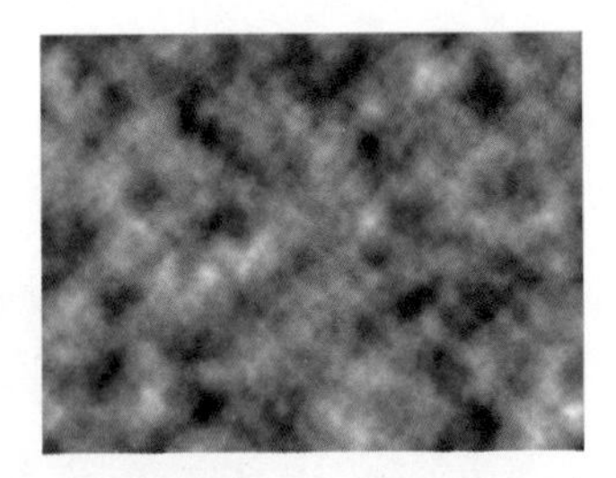

图 5-63　云彩效果

（4）减少云的数量。选择【图像】→【调整】→【曲线】命令，根据具体效果，随意调整【曲线】的值，起到减少云的数量的目的。曲线参数的参考值如图5-64所示。

（5）设置前景色为蓝色，如图5-65所示。

（6）选择【图像】→【调整】→【渐变映射】命令，在弹出的对话框中勾选“反向”，单击【确定】按钮，如图5-66所示。

（7）制作太阳。选择【滤镜】→【渲染】→【镜头光晕】命令，如图5–67所示，选择“105毫米聚焦”制作出太阳的强光照射。

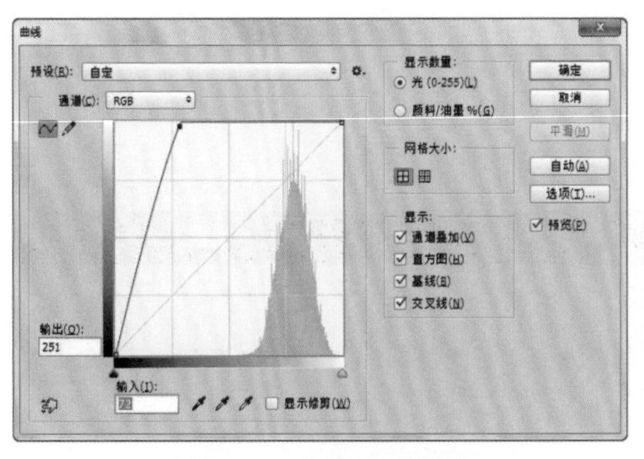

图 5-64 曲线参数设置

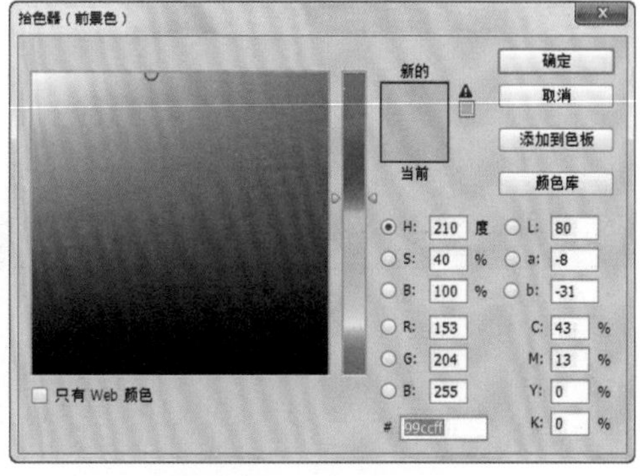

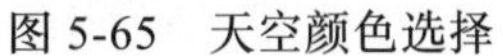
图 5-65 天空颜色选择

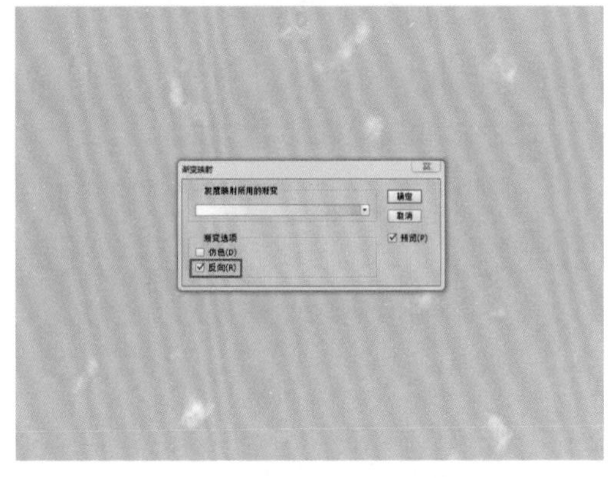

图 5-66 渐变映射制作云彩效果

图 5-67 镜头光晕效果

小提示

在【镜头光晕】对话框中，用鼠标单击相应的地方来确定“太阳强光”的位置，调整亮度的百分比，可增加亮度或是减少亮度。

（8）制作太阳光晕。选择【滤镜】→【渲染】→【镜头光晕】命令，选择“50～300毫米变焦”制作出太阳周围光晕和右下的镜头光晕效果，如图5-68所示。

图 5-68 蓝色天空的效果

活动二　添加文字

（1）单击面板上的【文字工具】，输入文字“Photoshop CC”。

（2）设置字体、字号、颜色，参考值如图5-69所示。

图 5-69　文字面板

（3）再次用【文字工具】输入文字“Adobe”，并设置字体、文字大小、颜色等，效果如图5-70所示。

（4）在两行文字之间制作一条分隔线。

①在【图层】面板中新建“图层1”，重命名为“线条”。

②在图层中绘制如图5-71所示的选区，选择【编辑】→【描边】命令，在弹出的对话框中选择宽度为“4像素”，并设置颜色为“白色”，单击【确定】按钮。

图 5-70　文字字体及位置

图 5-71　绘制选区及描边

③按快捷键【Ctrl+D】取消选区，再按快捷键【Ctrl+T】进行自由变换，把图形移动到两个文字的中间，效果如图5-72所示。

（5）制作浮雕效果。

①在【通道】面板中，新建“Alpha 1”通道。

②在【通道】中输入文字“ Photoshop CC”文字，字体和大小与上面图层中的设置一致，如图5-73所示。

图 5-72　分隔线

图 5-73　通道内输入文字

③选择【滤镜】→【风格化】→【浮雕效果】命令，在对话框中根据显示的效果，设置“角度”“高度”“数量”等参数后，单击【确定】按钮，如图5-74所示。

（6）应用图像。

①在【图层】面板中隐藏“Photoshop CC”文字图层，并新建“图层2”。

②在【通道】面板中按住【Ctrl】键单击“Alpha 1”通道，选中“Alpha 1”通道

内的文字。

③在【图层】面板中，再显示“图层2”，如图5-75所示。

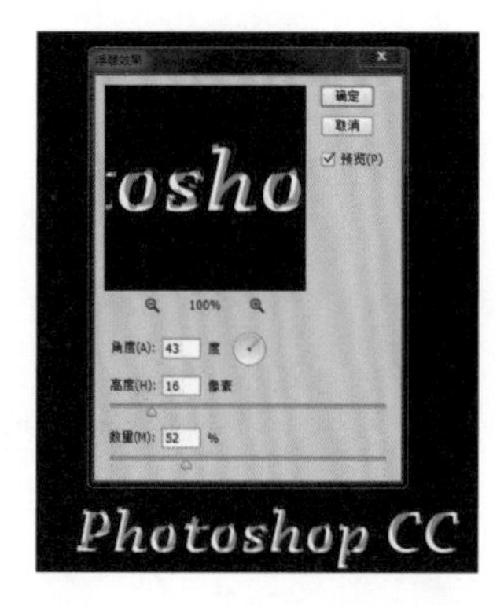

图 5-74　通道内浮雕效果

图 5-75　图层面板

④选择【图像】→【应用图像】命令，根据图5-76所示，选择通道为“Alpha 1”，勾选“反相”，混合方式为“实色混合”，文字效果显示在图片下方。

（7）描边。

①在【图层】面板中按住【Ctrl】键单击“Photoshop CC”文字图层，选中“Photoshop CC”图层内的文字。

②在【图层】面板中的“图层2”下方，新建“图层3”并设置为当前图层。

③选择【编辑】→【描边】命令，在弹出的对话框中选择宽度为“2像素”，并设置颜色为“白色”后，单击【确定】按钮。

④调整图像到适当的位置，文字效果如图5-77所示。

图 5-76　应用图像

图 5-77　文字效果

（8）保存文档。选择【文件】→【存储】命令，以“天空”为名保存文档。

◆ 案例小结

本案例完成了制作“天空”的操作，主要学习了滤镜库内多滤镜的组合运用，认识了云彩、镜头光晕、浮雕效果3个滤镜的效果，并通过与其他工具的组合，制作出了一幅精美的图片。其中需要注意以下3点：

（1）曲线值的大小，决定了天空中云朵的数量。

（2）镜头光晕的亮度，与天空中太阳的光线强度有关系。

（3）文字的描边，可以增加文字的立体感和阴影。

◆ 拓展练习

模仿图5-78制作一个白色的毛球效果。

参考滤镜及步骤：绘制白色的圆、20% 高斯分布、高斯模糊、径向模糊、涂抹工具（2像素、强度80%）、阴影。

图 5-78　毛球效果

案例五

NO.5

制作“烟花效果”

◆ 案例分析

微 课

本案例将使用滤镜制作一幅在夜空爆炸的烟花效果，主要用到风、动感模糊、极坐标效果3个滤镜。用画笔笔尖形状、形状动态、散布制作散乱的“光点”，用渐变、图层属性制作出随机的颜色分布，用风滤镜与图像旋转的配合，加上极坐标，最终形成五彩缤纷的烟花爆炸效果。

完成本案例的学习后，你应能：

- 使用风、动感模糊、极坐标3个滤镜。
- 设置画笔的笔尖形状、形状动态、散布的参数。
- 使用【渐变工具】和设置图层属性。

◆ 效果展示

图 5-79　“烟花”效果图

◆ 案例达成

活动一　制作背景

（1）新建文档。启动Photoshop CC，选择【文件】→【新建】命令，创建一个名称为“烟花”、文档类型为“自定”的空白文档，如图5-80所示。

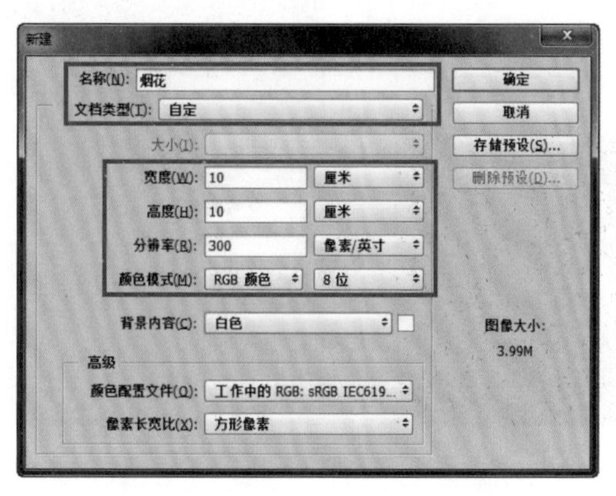

图 5-80　设置【新建】对话框

（2）将背景图层设置为黑色。

活动二　设置笔刷

（1）选择【画笔工具】，打开【画笔】设置面板，设置“画笔笔尖形状”的大小、角度、圆度、间距等参数，如图5-81所示。

（2）设置“形状动态”的大小抖动参数为“100%”，如图5-82所示。

（3）设置“散布”的参数为“1000%”，并勾选“两轴”，如图5-83所示。

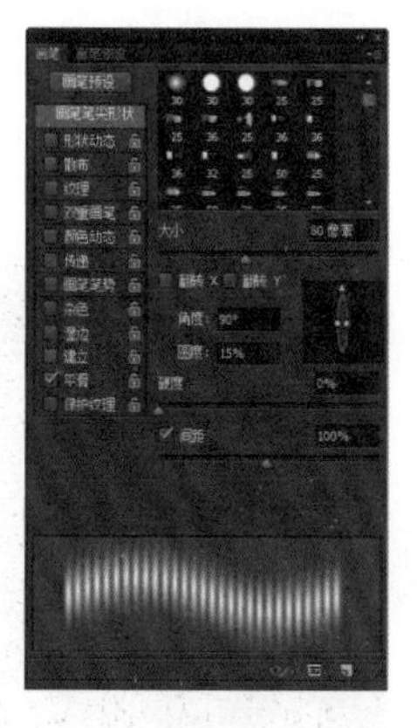

图 5-81　【画笔】对话框

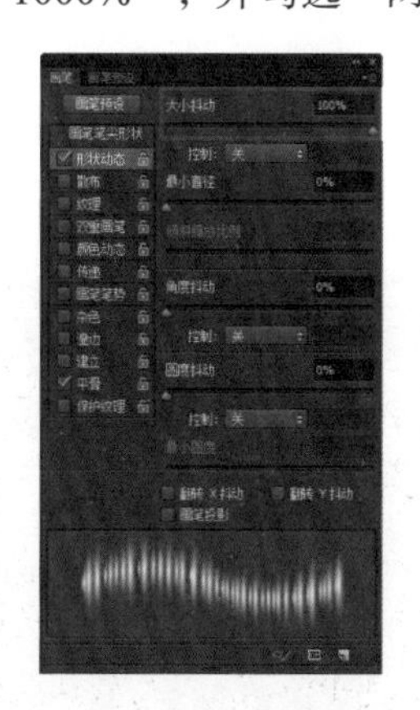

图 5-82　设置“画笔形状动态”参数

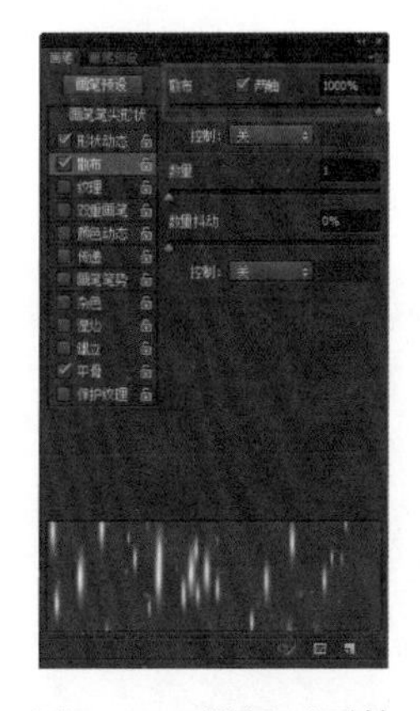

图 5-83　设置“画笔散布”参数

活动三　绘制图形

（1）设置前景色为“白色”。

（2）在【图层】面板中新建“图层1”。

（3）在“图层1”中，选择【画笔工具】，在绘图区中按住鼠标左键不放，从左到右，绘制点状图形，如图5-84所示。

（4）添加颜色。

①选择【渐变工具】，打开“渐变编辑器”，编辑“烟花”的各种不同颜色，如图5-85所示。

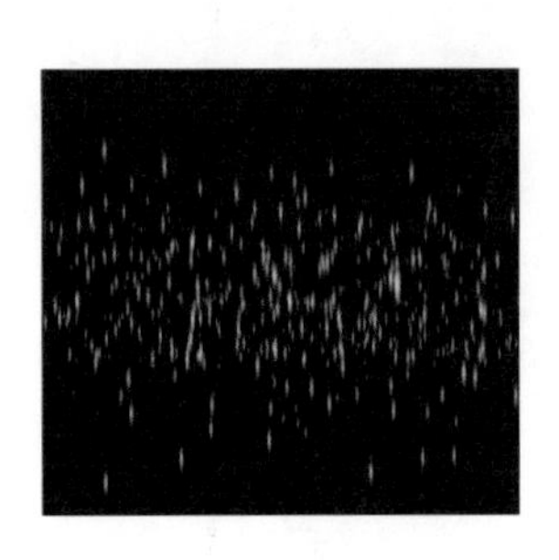

图 5-84　画笔绘制效果

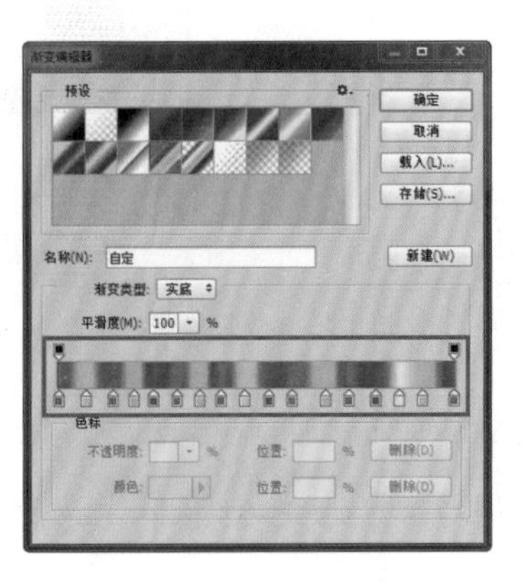

图 5-85　渐变编辑器

小提示

根据情况可以重复上一步骤来增加图中“小白点”的数量，图中“小白点”的多少，决定烟花的数量。

②在【图层】面板中新建“图层2”。

③选择【渐变工具】，用“径向渐变”填充“图层2”，如图5-86所示。

④在【图层】面板中，选择“图层2”，并将图层属性改为“颜色”，如图5-87所示。

（5）添加随机颜色后的效果如图5-88所示。

图 5-86　径向渐变效果

图 5-87　图层属性

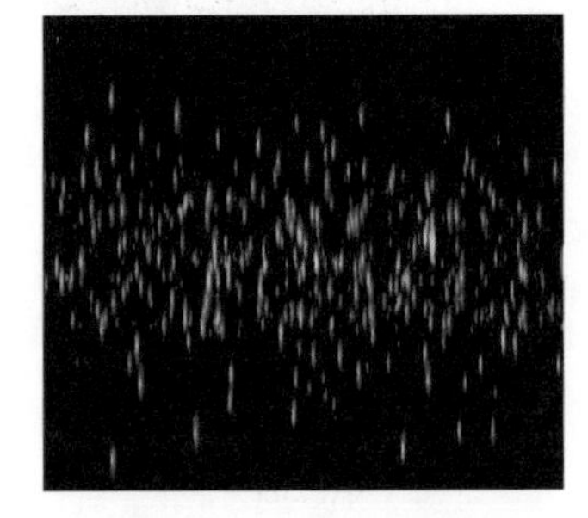

图 5-88　上颜色效果

活动四　使用滤镜

（1）合并所有图层为一个背景图层。

（2）选择【图像】→【图像旋转】→【顺时针90度】命令，旋转图像90度。

（3）选择【滤镜】→【风格化】→【风】命令，在弹出的对话框中设置如图5-89所示的参数。

（4）按快捷键【Ctrl+F】两次，再重复添加两次“风”滤镜。效果如图5-90所示。

（5）选择【图像】→【图像旋转】→【逆时针90度】命令，将图像再旋转回来。

（6）选择【滤镜】→【模糊】→【动感模糊】命令，根据图形的方向，选择角度为“90度”，如图5-91所示。

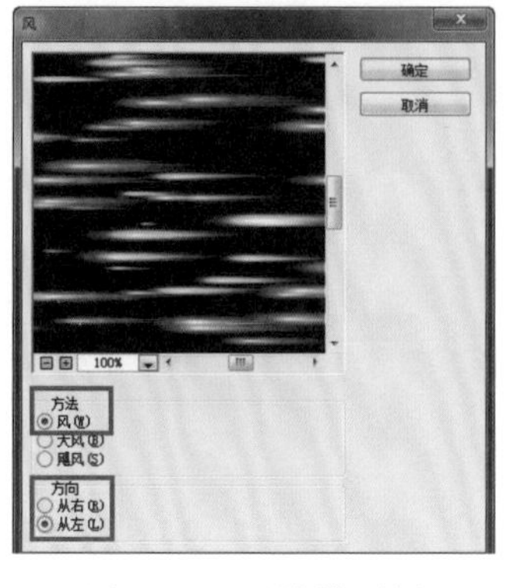

图 5-89　风滤镜面板

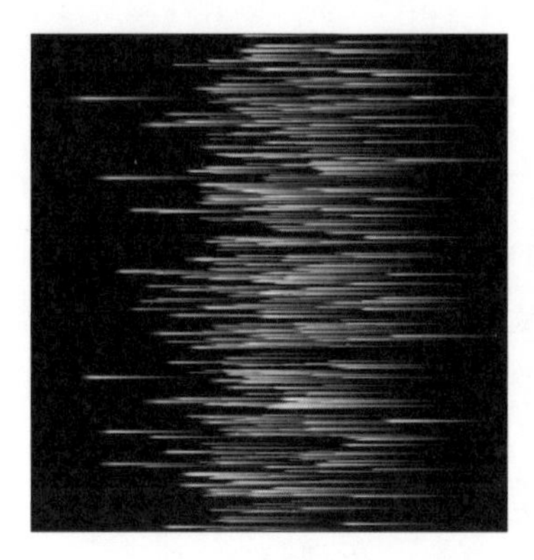

图 5-90　风滤镜后效果

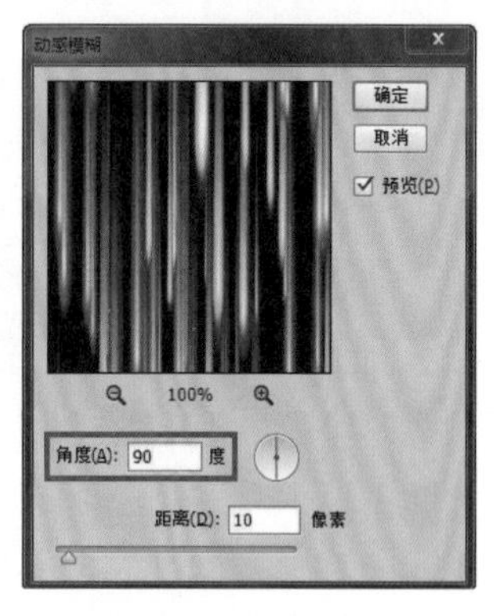

图 5-91　动感模糊面板图

（7）选择【滤镜】→【扭曲】→【极坐标】命令，选择【平面坐标到极坐标】后单击【确定】按钮，如图5-92所示。

（8）保存文档。选择【文件】→【存储】命令，以“烟花”为名保存文档。

图 5-92　极坐标面板

◆ 案例小结

本案例完成了制作“烟花”的操作，主要学习了风、动感模糊、极坐标3个滤镜的使用，同时也复习了【画笔工具】【渐变工具】的使用。其中需要注意以下3点：

（1）画笔的3个功能要设置好。

（2）渐变的颜色种类直接影响最终效果的颜色。

（3）画笔绘制的数量直接影响烟花的数量。

◆ 拓展练习

模仿图5-93制作舞台背景幕布效果。

图 5-93　舞台背景幕布效果

单元六
综合实战

学习了Photoshop的基础知识后，就可以利用所学的知识制作出各种各样的文字效果，从而增加画面的艺术效果。

在本单元中，通过制作“防火宣传栏”“动漫效果风景图”“春节红包”3个案例来巩固文字编辑和排版、滤镜特效、综合调色、图层模式等操作。

案例一

NO.1

制作“防火宣传栏”

◆ 案例分析

本案例以消防安全知识为主题，制作文字直观醒目的防火宣传栏，从而掌握特殊效果的文字——火焰字的制作方法，增加图像的艺术性和视觉效果；巩固文字、段落的输入和编辑，文字蒙版以及文字变形设计等方面的知识和技能。

完成本案例的学习后，你应能：

- 制作火焰字。
- 插入并设置图片。
- 设置文字的变形。
- 熟练应用文字工具输入并编辑文字和段落。

◆ 效果展示

图 6-1　“防火宣传栏”效果图

◆ 案例达成

活动一　火焰字的制作

1. 新建文档

启动Photoshop CC，选择【文件】→【新建】命令，创建一个宽度为“27.68厘米”、高度为“12.8厘米”、分辨率为“300像素/英寸”、颜色模式为“RGB颜色”、背景为“黑色”的空白文档，如图6-2所示。

2. 火焰字的制作

（1）选择使用【横排文字工具】输入“火”字，对其进行字符设置：字体为“华文行楷”，字号为“95点”，颜色为“白色”，并调整到图像区的合适位置，如图6-3所示。

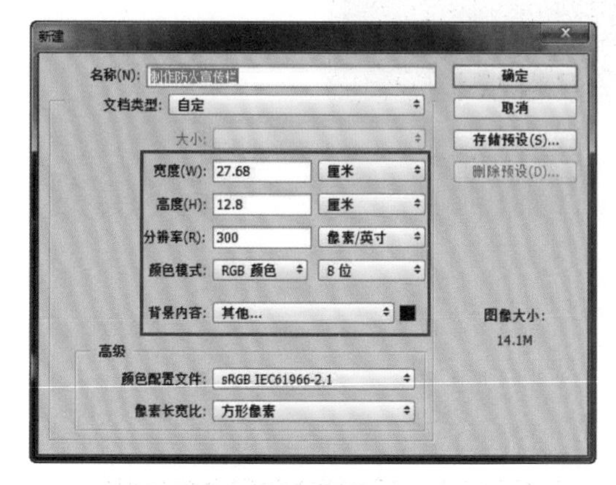

图 6-2　【新建】窗口

图 6-3　【文字】窗口

（2）右击文字图层，栅格化文字，将其转为普通图层。

（3）选择【图像】→【图像旋转】→【顺时针90度】命令，将图像顺时针旋转90度，如图6-4所示。

（4）选择【滤镜】→【风格化】→【风】命令，如图6-5所示，反复执行3次后效果如图6-6所示。

图 6-4　图像旋转后的效果

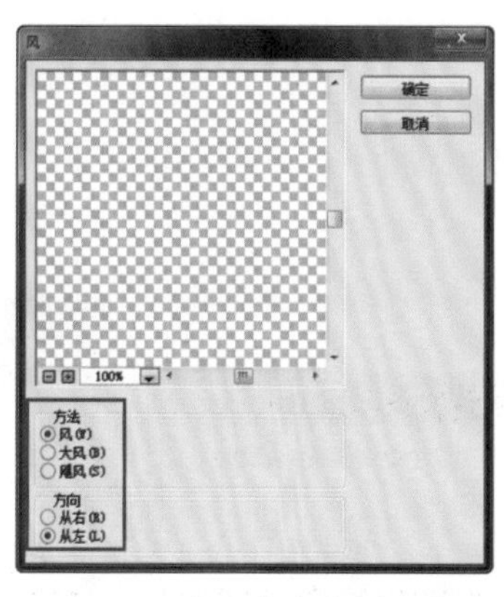

图 6-5　【风】命令对话框

图 6-6　执行【风】命令后的效果

小技巧

①按快捷键【Ctrl+Alt+F】，可以打开之前应用过的滤镜对话框（可调参数）。

②按快捷键【Ctrl+F】，按上次的参数再作一次上次的滤镜操作。

（5）选择【图像】→【图像旋转】→【逆时针90度】命令，将图像逆时针旋转90度，如图6-7所示。

图 6-7　执行【风】命令后的效果

（6）选择【滤镜】→【扭曲】→【波纹】命令，参数设置如图6-8所示，反复执行两次后效果如图6-9所示。

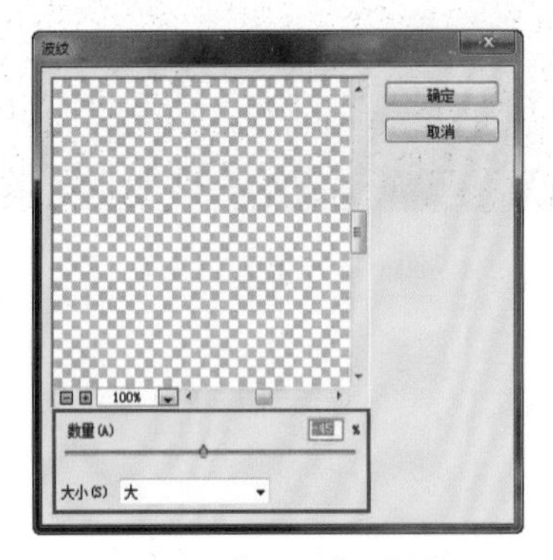

图 6-8　【波纹】对话框

图 6-9　执行【风】命令后的效果

（7）选择【图像】→【模式】→【灰度】命令，弹出如图6-10所示对话框，单击【拼合】按钮，弹出如图6-11所示对话框，单击【扔掉】按钮。

（8）选择【图像】→【模式】→【索引颜色】命令。

（9）选择【图像】→【模式】→【颜色表】命令，弹出如图6-12所示对话框，在

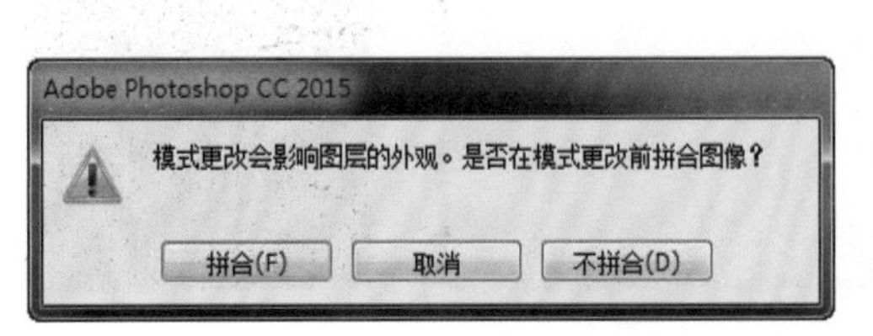

图 6-10　【拼合】图像对话框

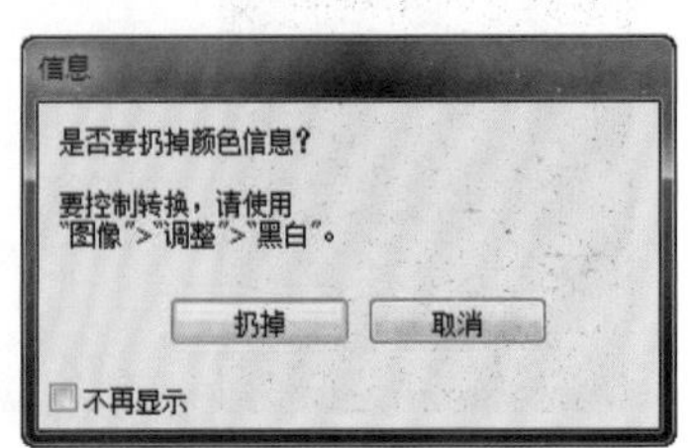

图 6-11　【扔掉】颜色信息

【颜色表】下拉列表框中选择【黑体】即可。效果如图6-13所示。

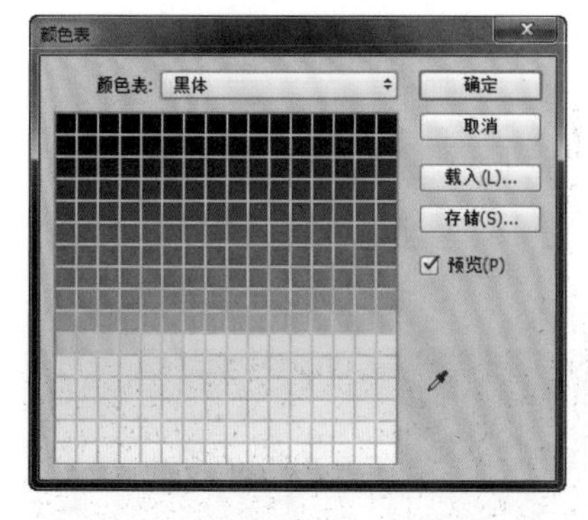

图 6-12　【颜色表】对话框

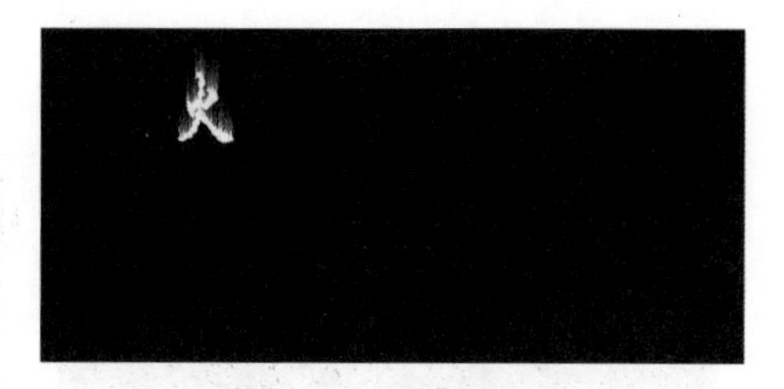

图 6-13　火焰字效果

（10）选择【选择】→【色彩范围】命令，弹出如图6-14所示对话框，在对话框中选取白色，单击【确定】按钮，将在图像窗口中载入选区。

（11）选择【图像】→【模式】→【RGB颜色】命令，将图像窗口中载入选区的部分填充为白色。火焰字最终效果如图6-15所示。

图 6-14　【色彩范围】对话框

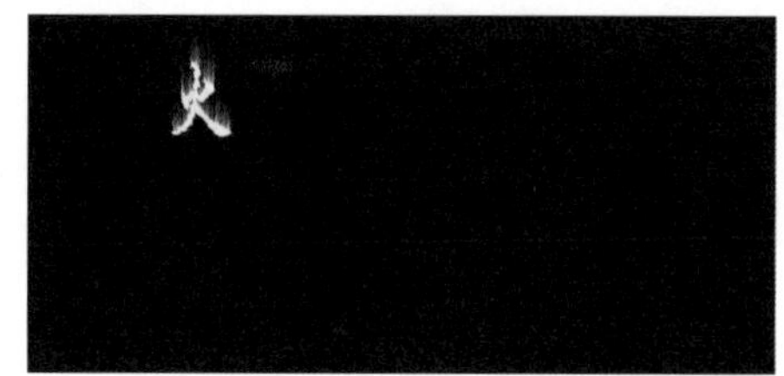

图 6-15　火焰字最终效果

3. 边框的制作和标题文字的制作

（1）选择工具栏中【矩形选框工具】，沿图像区绘制一个矩形。

（2）选择【选择】→【修改】→【边界】命令，宽度为“15像素”，并将其填充为红色（255，0，0）。

（3）选择【横排文字工具】输入标题文字，对其进行字符设置：字体为“隶书”，字号为“85点”，颜色为“红色（255，0，0）”，并调整到图像区的合适位置，如图6-16所示。

小提示

在制作文字特效时，设置的字体十分重要，合适的字体能更好地表现特效的图像效果。

4. 编辑文字和设置图片

（1）使用【横排文字工具】，参照效果图输入文字："消防连着你我他，保障安全靠大家"，并对其进行字符设置：字体为"黑体"，字号为"28点"，颜色为"白色"。

（2）打开"素材\单元六\消防知识\消防员.jpg"文件，插入图片后效果如图6-17所示。

图 6-16　边框及标题效果

图 6-17　宣传栏左侧部分效果图

活动二　文字、段落内容的输入

1."119"文字变形设计及"火灾逃生口诀"的文字、段落内容的输入

（1）选择使用【横排文字工具】，参照效果图输入文字："119"，对其进行字符设置：字体为"微软雅黑，加粗"，字号为"85点"，颜色为"红色（255，0，0）"，单击【创建文字变形】按钮，弹出如图6-18所示对话框，样式设置为"拱形"。

（2）选择使用【直排文字蒙版工具】，参照效果图输入文字"火灾逃生口诀"，对其进行字符设置：字体为"华文琥珀"，将图像退出文字蒙版状态并回到标准编辑模式，把刚编辑的文字转换为选区。

（3）执行【选择】→【变换选区】命令，调整选区大小，并新建图层，命名为"口诀"。

（4）选择使用【渐变工具】进行线性渐变填充，【渐变编辑器】对话框设置名称为"铬黄渐变"，参数如图6-19所示。

（5）选择【直排文字工具】，按住鼠标左键拖出一块区域，打开"素材\单元六\消防知识\消防知识文字素材.txt"文件，按效果图输入段落文本内容。设置字体颜色为"RGB（228，156，63）"，【字符】对话框设置如图6-20所示，并将文字调整到适当位置。

（6）最终效果如图6-1所示。

2. 保存文档

以名称"制作防火宣传栏"保存文档。

◆ 案例小结

本案例完成了制作"防火宣传栏"的操作，主要学习了如何制作火焰字的方法和技巧、创建文字及段落文字、创建变形文字、【直排文字蒙版工具】的应用等。其中需要注意以下两点：

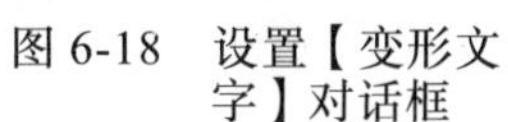
图 6-18 设置【变形文字】对话框

图 6-19 设置【渐变编辑器】对话框

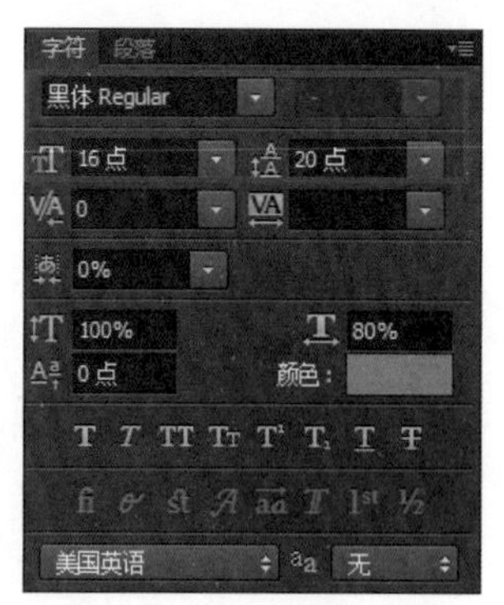

图 6-20 设置【字符】对话框

（1）创建火焰字结束后一定要将图像模式转换成RGB模式。

（2）文字蒙版填充文字颜色时一定要新建图层。

案例二

NO.2

制作“动漫效果风景图”

微 课

◆ 案例分析

本案例学习如何把风景照片制作成动漫的效果，其思路为先将风景图像处理为绘画效果，难点在于色彩的调色和滤镜的参数设置，再根据构图找一张动漫风格的天空素材，综合调整后即可完成制作。

完成本案例的学习后，你应能：

- 运用CRW、HSL综合调色。
- 运用滤镜菜单制作绘画效果。
- 运用滤镜菜单制作光晕、修饰。
- 将一张照片处理为动漫效果图。

◆ 效果展示

图 6-21 动漫效果风景图

◆ 案例达成

活动一　基础调色、裁剪

1. 打开素材

启动Photoshop CC，选择【文件】→【打开】命令，选择“素材\单元六\动漫效果风景图\风景.jpg”，如图6-22所示。

2. CRW调色

（1）按快捷键【Ctrl+J】复制背景图层，生成“图层1”。

（2）右击“图层1”，选择【转换为智能对象】命令，便于CRW调色修改。

（3）选中“图层1”，选择【滤镜】→【Camera Raw滤镜】命令，打开Camera Raw（风景.jpg）对话框，如图6-23所示。

图 6-22　风景 .jpg

图 6-23　CRW 调色窗口

按图6-24所示，设置“基本”选项卡中各参数，再按图6-25所示，设置“相机校准”选项卡中的各参数。

（4）HSL进一步调色，如图6-26所示。

图 6-24　设置基本参数

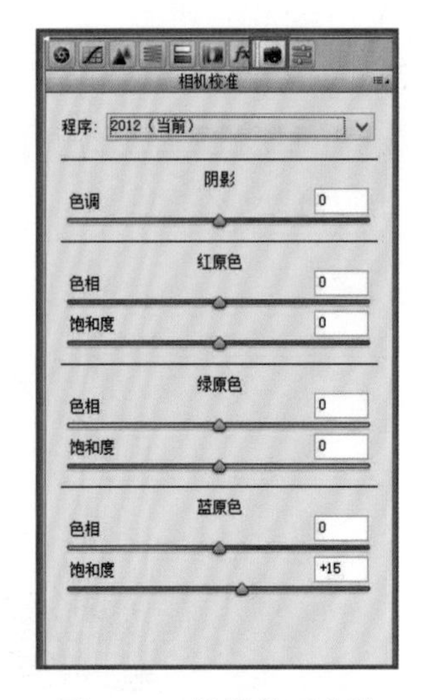

图 6-25　相机校正参数

图 6-26 HSL 调整参数

（5）参数设置完毕，单击【确定】按钮。

3. 裁剪图片

选择【裁剪工具】，按16：9的比例裁剪图片，如图6-27所示。

图 6-27 16 ：9 裁剪效果图

4. 重命名图层

重命名“图层1”为“CRW调色”。

知识窗

Adobe Camera Raw是一款编辑RAW文件的强大工具。RAW是单反数码相机所生成的RAW格式文件。安装Camera Raw插件能在PS中编辑RAW格式文件。

ACR滤镜是Camera Raw的简称，是一种强大的调色工具。很多摄影爱好者喜欢用Lightroom软件修图，其实Lightroom跟Camera Raw是同一类软件，都是由Adobe公司开发的。Lightroom能完成的照片处理，Camera Raw基本都能实现，且操作方式一致。Camera Raw是专业的照片处理工具，而Lightroom的色彩润饰功能更强大。

执行Camera Raw滤镜的快捷键：Shift+Ctrl+A。

ZHISHICHUANG

小提示

①CRW调色较难，需静心研究。

②案例制作过程中，切忌盲目按参数操作，应手脑结合学习调色。

③调色是一个反复考究的过程。普通图层经CRW调色后，不能再作撤销操作，因此，在CRW调色前，应将图层转为智能化图层，便于进行多次修改。调色确定后，右击图层，选择【栅格化图层】，即可将智能图层转为普通图层。

活动二　动漫风格化调整

1. 栅格化图层

复制“CRW调色”图层，生成“CRW调色拷贝”，重命名为“干画笔”，右击该图层，执行【栅格化】命令。效果如图6-28所示。

2. 制作绘画效果

（1）选中“干画笔”图层，选择【滤镜】→【滤镜库】→【艺术效果】→【干画笔】命令，具体参数如图6-29所示。

图 6-28　栅格化图层

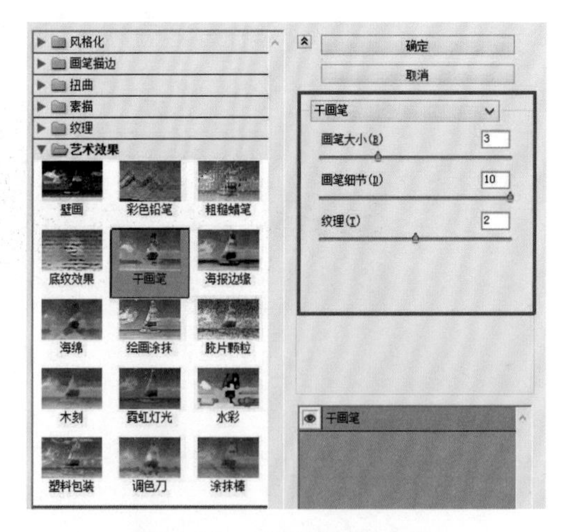

图 6-29　干画笔效果参数

（2）加强效果。复制“干画笔”图层，再一次添加干画笔效果，参数同上。

（3）选中“干画笔拷贝”图层，选择【滤镜】→【模糊】→【特殊模糊】命令，参数如图6-30所示。

3. 细节修饰

（1）复制CRW调色层，右击该图层，选择【滤镜】→【模糊】→【特殊模糊】命令，按快捷键【Ctrl+Shift+]】置顶该图层，如图6-31所示。

（2）选中“CRW调色拷贝”图层，选择【滤镜】→【滤镜库】→【风格化】→【照亮边缘】命令，如图6-32所示。

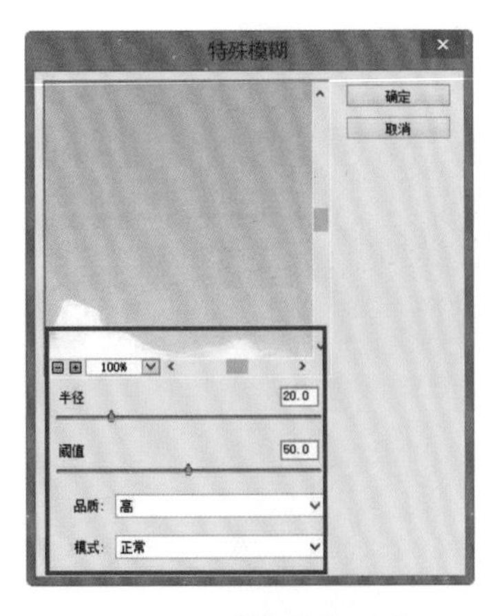

图 6-30　特殊模糊参数

图 6-31　细节修饰图层

（3）设置“CRW调色拷贝”图层混合模式为“滤色”，不透明度为“80%”，效果如图6-33所示。

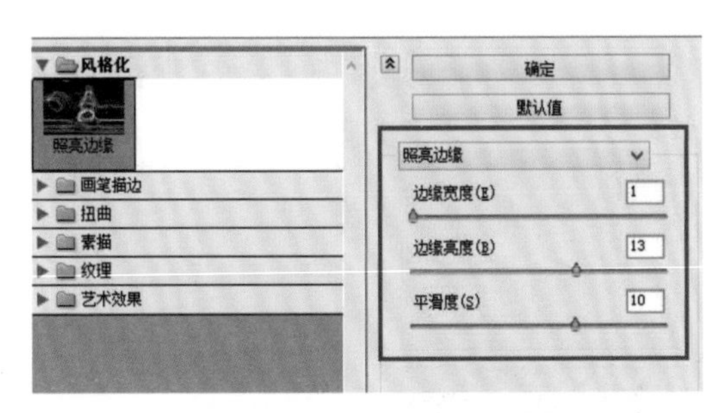

图 6-32　照亮边缘参数

图 6-33　效果参考图

（4）盖印图层，对“图层1”进行特殊模糊操作，模糊参数如图6-34所示。

（5）对“图层1”进行CRW调色，对照片暗部细节调亮。调色参数如图6-35所示，动漫风格化调整效果如图6-36所示。

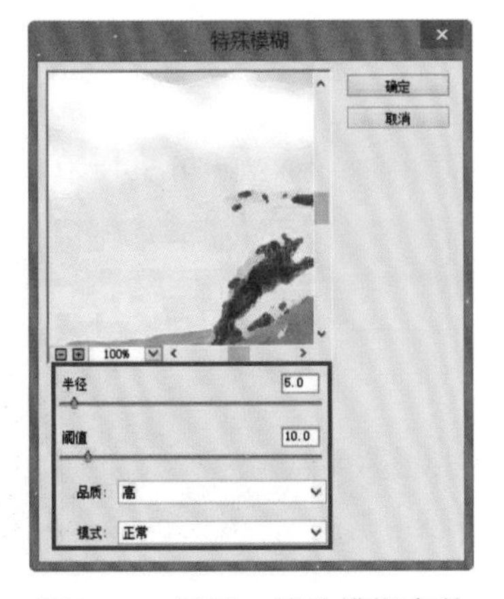

图 6-34　图层 1 特殊模糊参数

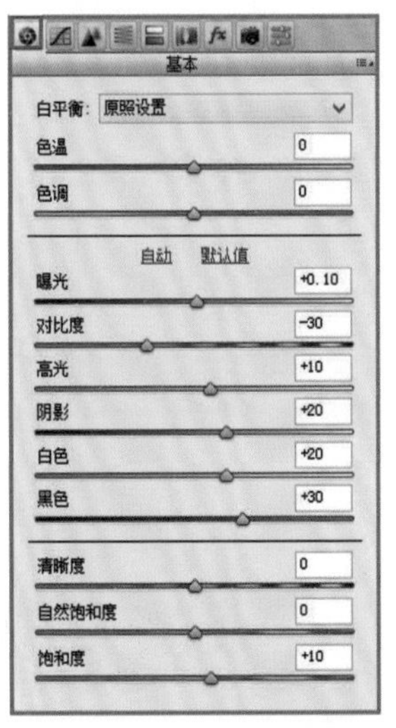

图 6-35　CRW 调色参数

图 6-36　动漫风格化效果参考图

小提示

动漫效果一般暗部不会太黑，制作过程中需调亮暗部细节。

活动三　添加动漫背景

1. 处理天空亮部云彩

运用【画笔工具】或者【仿制图章工具】去除天空的高光白云，效果图如图6-37所示。

图 6-37　天空处理参考图

2. 添加动漫天空素材

（1）选择【文件】→【打开】命令，打开“素材\单元六\动漫效果风景图\动漫天空.jpg”文件。

（2）复制动漫天空素材到“图层1”上，生成“图层2”，调整图片大小，设置其图层混合模式为“叠加”，效果如图6-38所示。

（3）为“图层2”添加蒙版，用笔刷擦出地面景物，效果如图6-39所示。

图 6-38　添加动漫天空素材

图 6-39　蒙版擦出效果图

活动四　添加光晕、色彩修饰

1. 添加镜头光晕

（1）盖印图层，生成“图层3”，选中“图层3”图层，选择【滤镜】→【渲染】→【镜头光晕…】命令，参数可自行设置，如图6-40所示。

（2）选中“CRW调色拷贝”图层，选择【滤镜】→【渲染】→【镜头光晕…】命令，可再次添加电影镜头光晕，参数如图6-41所示。

图 6-40　镜头光晕参考 1　　　图 6-41　镜头光晕参考 2

2. 色彩修饰

（1）新建图层，选中“图层3”，设置前景色为“#da2def”，背景色为“#242222”，执行【滤镜】→【渲染】→【云彩】命令，效果如图6-42所示。

（2）设置“图层3”的图层混合模式为“柔光”，不透明度为“60%”，根据效果也可用画笔适当修饰，效果如图6-43所示。

图 6-42　云彩

图 6-43　色彩修饰效果图

3. 保存文件

根据不同情况、偏好，可以适当调色，调色完毕后选择【文件】→【保存】命令，以“漫画效果风景图”为名保存文档。

◆ 案例小结

本案例完成了“漫画效果风景图”的制作，主要学习了如何运用CRW调色、滤镜、图层混合模式、各种修饰工具。其中需要注意以下4点：

（1）调色的过程需要不断尝试，切忌烦躁，尝试过程中要记下效果较好的参数，避免忘记。

（2）CRW调色前，应将图层转换成智能图层，便于修改。

（3）执行滤镜各种命令时，各种参数设置是重点，图片处理不能一蹴而就，需一步一步靠近你所期待的效果。

（4）多观察、分析好的漫画图片，会给操作带来不同的灵感。

案例三

NO.3

制作“春节红包”

◆ 案例分析

春节除了传统的吃饺子、看春晚、发拜年信息外，发“红包”也是中国人过新年的一种习俗。发红包给未成年的晚辈，是表示把祝愿和好运带给他们。红包盒以红色为背景，由若干颜色搭配而成，给人以强烈的视觉感受。本案例完成红包盒展开的制作过程。

完成本案例的学习后，你应能：

◇ 使用【钢笔工具】创建选区。

◇ 使用【形状工具】。

◇ 完成图层的新建、复制、各种样式、模式的应用。

◇ 使用【文字工具】。

◆ 效果展示

图 6-44 “春节红包”效果图

◆ 案例达成

活动一　绘制红包模型

1. 新建文档

启动Photoshop CC，选择【文件】→【新建】命令，创建一个名称为“春节红包”、宽度为“25厘米”、高度为“25厘米”、分辨率为“200像素/英寸”、颜色模式为“RGB颜色”的空白文档。

2. 绘制“红包背景”

（1）新建“图层1”，重命名为“红包背景”。

（2）将“红包背景”作为当前图层，填充颜色为“#da171f”，如图6-45所示。

（3）选择工具箱中的【自定形状工具】，在工具选项栏中的选择工作模式为“像素”，形状为“艺术效果6”，前景色为“#e97150”。

（4）拖动鼠标，绘制如图6-46所示效果。

图 6-45　填充红色背景

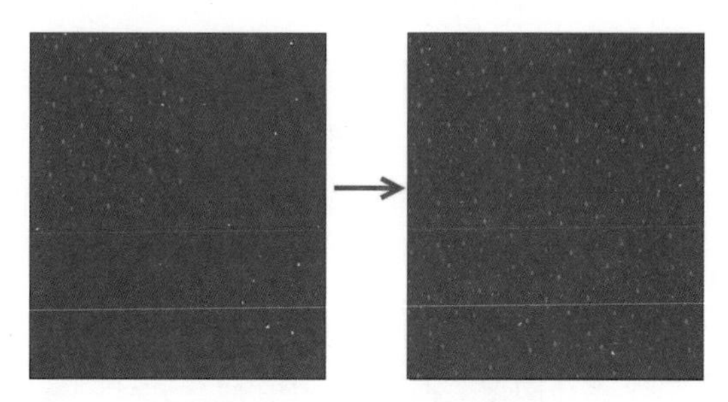

图 6-46　绘制点状图案

（5）利用【变形工具】，将“红包背景”图层的宽度设为“19厘米”、高度设为“21厘米”并居中，如图6-47所示。

3. 勾画“红包轮廓”

（1）单击工具箱中的【钢笔工具】，绘制如图6-48所示的封闭路径，利用【转换点工具】调整红包轮廓，如图6-49所示。

图 6-47　调整“背景”大小

图 6-48　绘制红包轮廓

图 6-49　调整红包轮廓

（2）选择【路径】面板中的“工作路径”层，右击，选择“建立选区”选项，打开【建立选区】对话框，单击【确定】按钮，如图6-50所示。

（3）返回【图层】面板，单击【选择】→【反选】命令，按【Delete】键，删除多余背景，如图6-51所示。

4. 勾画“线条轮廓”

（1）新建图层，命名为“线条”，选择工具箱中的【矩形选框工具】，绘制红包的立体线条轮廓，如图6-52所示。

图 6-50　建立选区

图 6-51　删除多余背景

图 6-52　绘制“线条轮廓”

（2）单击【编辑】→【描边】命令，打开【描边】对话框，设置宽度为“1像素”，颜色为“#f2f2f2”，单击【确定】按钮。

（3）选择【图层】面板中的“添加图层样式”，设置图层样式为“外发光”，如图6-53所示。

5. 绘制“切口”轮廓

（1）新建图层，命名为“切口”，选择工具箱中的【直线工具】，绘制直线路径，将路径转换成选区，并填充颜色为“# f9f9f9”。

（2）选择【图层】面板中的“添加图层样式”，设置图层样式为“描边”，大小为“2像素”，如图6-54所示。

图 6-53　线条描边及添加“外发光”样式

图 6-54　绘制“切口”轮廓

活动二　制作封面图案

1. 制作“封面背景”

（1）新建图层，命名为“封面背景”，单击工具箱中的【钢笔工具】，绘制封闭路径，利用【转换点工具】调整路径，如图6-55所示。

（2）选择【路径】面板中的“工作路径”层，右击，选择“建立选区”选项，打开【建立选区】对话框，单击【确定】按钮。

（3）在工具箱中，设置前景色为“#f39825”，为该选区填充前景色，如图6-56所示。

（4）在【图层】面板中，设置图层的混合模式为“滤色”，如图6-57所示。

图 6-55　绘制“封面背景”路径

图 6-56　填充“封面背景”颜色

图 6-57　混合模式为“滤色”

2. 制作“花边”

（1）新建图层，命名为“花边”，选择工具箱中的【自定形状工具】，在工具选项栏中的选择工作模式为“像素”，消除锯齿，形状为“百合花饰”，颜色为“#ff0000”。

（2）绘制一朵百合花后，按住【Ctrl】键不放，单击【图层】面板中“花边”，选区选中花。选择【编辑】→【变换】→【垂直翻转】命令，如图6-58所示。

（3）按住【Alt】键不放，水平拖动百合花，复制出多朵花，并用【变形工具】调整大小和位置，如图6-59所示。

3. 导入“生肖”图片

（1）单击【文件】→【打开…】命令，打开 “素材\单元六\春节红包\鸡.jpg”文件。

（2）单击【选择】→【色彩范围…】命令，打开【色彩范围】对话框，设置取样颜色为“白色”背景，色彩容差为“200”，单击【确定】按钮。

（3）选择“反选”，用【移动工具】拖动选区到“春节红包.psd”文件中，将移过来的图层重命名为 “生肖”，如图6-60所示。

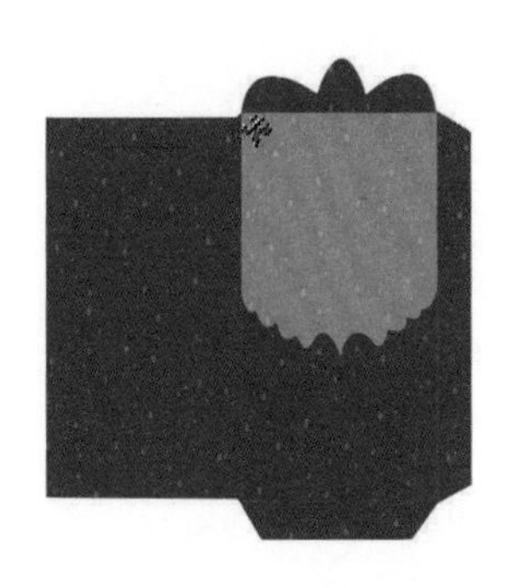

图 6-58　绘制“百合花”

图 6-59　制作花边

图 6-60　插入“生肖”

活动三　制作特效文字

1. 插入“贺”字

（1）单击工具箱中的【横排文字工具】，设置字体为“方正舒体，大小为“100点”，颜色为“#fe0000”，输入“贺”。

（2）栅格化文字，单击【编辑】→【描边】命令，设置描边宽度为“3像素”，单击【确定】按钮。

2. 插入“新年”字

单击工具箱中的【直排文字工具】，设置字体为“华文彩云”，大小为“45点”，颜色为“#fe0000”，输入“新年”，如图6-61所示。

3. 插入“如意”字

（1）单击工具箱中的【横排文字工具】，设置字体为“黑体”，大小为“24点”，颜色为“# f39825”，输入“如意AB-036”。

（2）为了达到红包展开后的逼真效果，选择【编辑】→【变换】→【水平翻转】命令，垂直翻转。

（3）为该图层添加“斜面和浮雕”样式，如图6-62所示。

图 6-61　插入字体“贺新年”

图 6-62　添加“斜面和浮雕”样式

4. 保存文档

选择【文件】→【存储】命令，保存文档。

◆ 案例小结

本案例完成了“春节红包”的制作，主要学习了如何运用形状、路径、文字、图层混合模式等工具。其中需要注意以下3点：

（1）绘制红包轮廓，需结合生活中的红包大小比例绘制。

（2）利用【钢笔工具】→【形状工具】时，可根据自身情况选择不同的工具模式（形状、路径、像素）。

（3）结合自己的喜好，制作不同类型的红包，但色彩搭配要合理。